P牌婆婆

vs

新手媽媽

羅乃萱　何凝　著

P牌婆婆的心底話

羅乃萱

大家好，我是 P 牌婆婆羅乃萱。這個稱呼，是最貼切，也是我最喜愛的。

從前聽老人家說，當公公婆婆最開心的，是可以跟孫仔玩耍，又不用長憂短慮，也不用服侍孩子的起居飲食，因為那是父母的責任。

直至當了婆婆，我才明白怎麼一回事。感激女兒女婿很信任我倆，讓我們幾乎天天都可以跟乖孫相聚。每天早上，我總是有機會跟他玩一句鐘，才帶着輕鬆快樂的步伐上班去。

別小看這一句鐘，我可是要全神貫注，一刻都不能看手機，否則乖孫就會走來「啊啊啊」大叫抗議。我嘗試用各種不同方式跟他玩：抱着他看窗外的「車車」，牽着他的小手在客廳到處走，還有抓住他的拇指教他按琴鍵，總之他對任何事物都充滿好奇，也燃點了我久已埋藏的好奇心。

身邊的人問我：「跟乖孫玩累嗎？」

「當然累，但很開心，所以那些累的感覺很快就消失了！」

這是 P 牌婆婆最心底的話。

自從乖孫駕到，我們一家的關係更形緊密，也令我跟成為新手媽媽的女兒，共同的話題更多。過往她對我書架上那些親子書籍沒有興趣，現在卻常跟我交流親子教養，特別是幼兒教育的心得。對我這個親子教育工作者來說，等於重溫「課本」，讓所講所傳遞的，更能適切時代的需要。

更讓我感動的是，很多昔日媽媽（即女兒的婆婆）為我做的事，跟我說的話，我也會同樣對女兒說。最近就出現這句：

「女兒啊！咱們乖孫學習能力特強，幾乎教他一兩次，他就會。那天我問一句，他就回答一句，雖然用的是嬰兒話，或用手勢，很會溝通。他可是塊好好的料子，你要好好培育他啊！」說畢，我突然憶起，這「好好的料子」一詞，也是昔日父母（即女兒的公公婆婆）對我的叮嚀，希望我好好教育女兒。

如今，女兒已長大，且成為人母。我也升格當了婆婆，雖然是 P 牌，但看我熟練的手勢與跟女兒純熟的配合，該快可以除下「P 牌」了，是嗎？

我是新手媽媽何凝，從前覺得當媽媽感覺很老，現在
卻很享受孩子叫我「媽媽」，牽着我的手到處走的感
覺。

從懷孕到孩子出生，看着孩子由初生嬰兒成長到幼
兒，每一天我都有新的事情，新的經歷。還記得他剛
出生，醫生把他抱到我手裏，我第一眼看到他，真真
實實感受到自己要當媽媽，感覺既感恩又緊張，畢竟
我和老公要負起照顧一個小生命的責任。

孩子出院回家了，換片、餵奶、掃風、洗澡等，我都
親力親為，慢慢學習要怎麼做。我最害怕是為他剪指
甲，還記得第一次我花了整整半個小時慢慢剪，拍一
不小心會弄傷他。當爸爸媽媽（公公婆婆）來探望我
們，孩子總會勾起他們對我小時候的回憶。「你小時
候也曾這樣做，差點受傷呢！」「你跟孩子一樣，喜
歡吃粟米。」當我到他們家，看着整個書櫃的親子育
兒書，從前我不會拿來看，覺得「到時候」再看也不

遲；現在那書架是我每次定會看看有什麼新書的地方。

因着孩子，我倆跟爸媽的話題比從前多了，也把一家人的關係拉近了。希望這書記錄的點點滴滴，能讓大家有共鳴吧！

P 牌公公

何志滌牧師

凝（新手媽媽），還記得你出生的那一天，修女護士抱着你來到我面前說：「我抱着的是未來的香港小姐。」然後她抱着你到媽媽牀邊，媽媽問：「是不是凝凝？」因為我們很想生女兒，只是想了一個女兒的名字，那個年代，我們都不想預先知道生男或生女，可以說是如願以償。

凝，沒想到一霎眼，你已成為一子之母。還記得一年多前，你進了候產室，我看到你快要當母親那份心急。不過，知道你的丈夫可以陪伴着你，也相信神的保守，大家也放心等候。很快，護士推着睡在牀上的你出產房，過了不久又推着睡在牀上的小孫子出來，那刻，我們成為「公公」、「婆婆」了。

凝，孫子已經一歲零五個月大，我看着自己的女兒已經是孫子的媽媽，心情很複雜。在我的心裏，你只是一位小女孩，我常常記得你小時候常要「爸爸抱」，現在看到你抱着自己的兒子，看到你有我那一份小心，卻也有媽媽那一份適量的放心，你照顧兒子的方式好像融合我們夫妻倆，我相信你會是一位「好媽媽」。

萱（P牌婆婆），看到你因要開刀生下凝，你所受的痛，卻忍着痛都要走去看女兒，相信你最能體會到女兒最終也要開刀生下孫子的痛楚難耐。所以你會懂得怎樣提醒凝。另外，看到你因孫子出生的那一份興奮，與那一天生下女兒時的心情並沒有分別。

萱，雖然妳很興奮，卻常常自省「孫子不是自己的兒子」，照顧和教導的責任只能提議，不能吩咐。真的，教導孫子的責任是屬他的父母，我們要懂得放手。

萱，這一年多的婆婆身分，是一種驕傲，你心中常常記得孫子的笑容，很掛念他，很想天天見到他。每天晚上，你都會提起孫子。你心中的喜悅不言而喻。不過，你常常會問：「我們對待小時候女兒的方式，現在對孫子是否有改變？」其實妳無需過分擔心，我看到的你是一位「好婆婆」。

很高興看到這本書出版，我身為「P牌公公」也要放心，因為湊養孫子的責任落在女兒和女婿身上，「公公」與「婆婆」只是配合、支持和欣賞他們。不過，我不認同一般人説：「兒女是教，孫子是寵。」現在的孩子，需要父母與祖父母共同的教養與愛，並彼此互補平衡，這是我樂見，也期待的跨代親子關係。

目錄

和小孩一起遊戲人間

屬於我倆的快樂雜憶

兩代父母的
滿腹心事

P牌婆婆 羅乃萱

孩子，幾個月前聽到你問我要不要聽好消息。沒想到我一口咬定說：「你懷孕了！」讓你萬分驚喜，是嗎？

其實早在你把好消息告知的一個星期前，我已夢見「外孫」了。你老爸當時的反應是：「你日有所思，夜有所夢。」怎說都好，聽到你有 baby 的喜訊，我比誰都興奮！

怎說？就是我的 baby 有 baby 了。

孩子，請別怪我還喊你 baby，因為在媽媽的心目中，你永遠是我的 baby。我仍難以忘懷，當初怎樣將初生的你擁抱入懷的欣喜，還有見到你第一次展現笑顏的興奮。

時光飛逝，很快你就要當母親了。而我，又要從頭開始，成為「P牌婆婆」。

不瞞你說，這陣子我的腦海中會不斷浮現你剛出生的情境。甚至經過嬰兒服裝店、雜貨店等，我都會拉著你爸駐足良久。雖然你老爸總是在說：「孩子大了，要購置哪些用品，他們自有分數。」

是的，我明白。但又如何？

原來一天為人父母，心中就會想自己可以為孩子做些什麼？張羅些什麼？預備點什麼？那天你見到家中共有數本從懷孕到坐月子的烹飪書，還有那幾套孕婦裙，可想而知我是多麼開心雀躍。

這陣子，我還四出請教那些已為人婆婆的老友記，問人家薑醋怎弄？傭人怎請？還有該怎樣平衡探乖孫與工作？哈哈！

但我知道，無論怎樣準備與努力，你媽我仍是個 P 牌婆婆，仍有很多需要學習的、改善的地方，甚至要懂「收手」的界線。

有人說「養兒方知父母恩」，這句話是我當媽媽之後深深體會的。如今我也盼望能把這份關愛傳承下去，並懂得在當中如何拿捏的智慧。

新手媽媽　何凝

數個月前，驗孕的日子到了。即使有了心理準備，我的心情還是很緊張。若驗孕結果顯示沒懷孕，擔心我倆會失望，畢竟身邊有不少朋友努力了一段時間還是沒有喜訊；若是懷孕了，我的生活中就會立刻多了很多問號，如居住、醫療、金錢等。我仍記得看着驗孕棒，不敢相信眼前的兩條線。那天晚上，我立刻致電你們，説有好消息要告訴你倆，原以為會嚇你們一跳，沒想到你第一句會説：「你懷孕了！」

原來是你夢見孩子了！你還繪聲繪影的形容夢中的「孫兒」是怎樣的，你跟他玩的情況。從那天起，我們的生活改變了。每到你們家，我們就會嘗到新菜式，因你在書店買了幾本給孕婦的烹飪書，煮了不少孕婦該吃的菜色讓我補充營養。飯後你還會拿出大袋小袋的，都是你在街上看到給孕婦或嬰兒的衣物，減輕我倆到處張羅物資的負擔。

在八月時，我跟老公還去了人生第一次的 BB 展，場會裏擠滿了正在懷孕或已有小孩的家長，所有在場人

士都是有經驗的買家，對會場的店舖非常熟悉。看着不同品牌的嬰兒用品，我不禁眼花繚亂，真不知從何開始。在那短短的數小時的逛看過程中，我竟然加入了幾個「媽媽會」，還收到了不少贈品。這些全都是我沒想過自己會做的事情，感覺自己像加入了「阿媽」行列。

雖然我從小跟着你到處演講，在和你們的相處溝通，也吸收了不少親子知識，可是真正要當孩子的媽媽，我還有好多事情要繼續學習。就讓我這新手媽媽，向你多多學習親子的技巧吧！

母愛十式

1. 母親緊握的雙拳是鼓勵孩子冒險時的推手。

2. 母親精明的眼睛能看見孩子的潛力與特質。

3. 母親靈光的耳朵能聽到孩子沒說出口的心底話。

4. 母親快跑的雙腿是為孩子需要而奔波的後盾。

5. 母親溫柔的嘴巴說出的都是安慰窩心的鼓勵。

6. 母親穩固的肩膀是孩子憂傷時能依傍的良枕。

7. 母親寬大的心胸能寬恕孩子有意或無意冒犯的過錯。

8. 母親深藏的肺腑所蘊藏的是對孩子無盡的愛。

9. 母親的懷抱是孩子最安穩的居所。

10. 母親的禱告是引導孩子走正路的有力扶杖。

準婆婆的反思 羅乃萱

孩子，自從聽到你要當媽媽後，我的腦海就在回帶，回到我懷孕生產的時期，那些塵封的回憶不知怎的竟然鮮活起來。

記得我在產前如何為你禁戒飲食（當然沒現在的你禁食這樣多項），如不吃蟹怕其毒性，不喝咖啡因咖啡因對你有害。

我記得自己在產後十多天不洗澡，如何堅持餵奶，如何捱更抵夜去湊你。

如今，輪到你了。

坦白說，見到你跟老公怎樣為孩子張羅，怎樣謹慎飲食，跟我們相比是「有過之而無不及」的緊張。我們反覺老懷安慰。

你爸爸常說：「該輪到你們去養育孩子，我們只是旁觀，有需要時便幫一下。」怎知道，你們一點都沒令

我們失望。你們對嬰兒用品的知識廣博，又懂得「格價」及絕不介意用朋友的舊物，真是一對「知慳識儉」的好父母。

至於該怎樣選擇，準媽媽該吃或不吃什麼，分娩的方式該是開刀還是自然等等，往往都是眾說紛紜。其實人生就是這樣，每逢要做一個重要的抉擇，身邊的人總有意見，有人叫你向東，有人說向西才是王道。我們該怎麼辦？那就得聽聽咱們內心那把篤定的聲音，遵從內心的真實感覺。也唯有這樣，你們才能做出不後悔，也不怨天尤人的決定。

不過話說回來，無論做什麼決定都好，你們選擇了就要盡力達成。

至於抉擇是對錯好壞，正如你聽到朋友的建議，只要出於愛，那就是對孩子最好的選擇。出來的結果雖然不一定如預期，那又如何？人生總有不如意或失控的事情，而孩子的出生正是讓我們學習成長與面對這個必修課的好機會。好好學習吧，祝你倆有天成為這科目的高材生啊！

準媽媽的迷思　何凝

自從懷孕開始，身邊出現了很多聲音，告訴我哪個階段要吃什麼，不要吃什麼，也有不同中醫的飲食餐單。如懷孕初期不要吃涼的食物，也不要吃木瓜，因會「滑胎」；生冷食物也要避免，特別是未經煮熟的食物，如魚生、溫泉蛋、軟雪糕等，因細菌會影響嬰兒發展。至於海鮮，我卻聽到不同的説法，有人説完全不能吃，因會增加孩子敏感的風險；另一種説法是每樣海鮮都要吃一點點，讓孩子能早點接觸，出生後才不會容易敏感。

除了聽朋友分享，我也會上網查資料，親子育嬰網站、網上論壇都充斥着不同資訊，基本上每個問題都有正反兩方的説法。若我完全聽從所有建議，基本上大部分的東西都不能吃。

除了飲食方面，我還有很多事情要決定，如到私家 / 公立醫院分娩、採用開刀 / 順產 / 無痛分娩等。原來，很多準媽媽都會同時在公立及私家醫院覆診，因她們即使決定要在私家醫院分娩，也有可能因着種種

原因，最後要到公立醫院，所以她們都會兩邊也開個 file，以防萬一。

至於分娩的方式，在我還未懷孕時已經聽過幾位朋友不同的分娩過程，各有各的好壞處，不到最後也很難決定，真的要看臨場怎樣「發揮」。

面對眾多資訊，身為準媽媽，總會想多聽，因為萬一我做錯了決定而影響到嬰兒，一定會很自責。可是，不是每一個問題都有標準答案的，若各有說法，就要好好運用自己的判斷力。曾有一位媽媽跟我說：「其實做什麼都好，你是孩子的媽，每個決定都是出於你對他的愛，放心順着自己的判斷吧！」媽媽，你同意嗎？

親子十訣

給現代父母的
十個忠告

1. 聽父母話的孩子不一定乖，聽孩子話的父母不一定好。

2. 孩子需要父母的陪伴，更需要他們的教導指引。

3. 得失乃平常事，父母別覺得是「大件事」就行。

4. 跟孩子聊天可以無所不談，但不是沒大沒小。

5. 父母言行合一，孩子就會「有樣學樣」。

6. 人生是孩子的，不是我們未了夢想的延伸。

7. 放手跟撒手是兩回事，不要搞錯。

8. 讓孩子懂得選擇，是培養他獨立的起步。

9. 鼓勵孩子追夢，更要激勵他儲夠做夢的實力與本錢。

10. 怎樣安排都好，孩子的未來都由不得我們話事。

待產

待「待產」心情 羅乃萱

那些年，我請了「前四後六」，期待與等待你的出生。但因為我要開刀，這種「待產」是知道「時日」的等待。

至於你，則是盼望順產，是「不知時日」的等待。

你的分娩方式跟我的很不一樣。因為你的孩子隨時會來，所以你隨時準備。是嗎？

這陣子，我常跟身邊的人說：「我的孩子要生孩子了！」這種待「待產」的心情，很難形容。

有人說我這個Ｐ牌婆婆，比誰都緊張。也有人說，放鬆點吧，你只是當婆婆，不是媽媽，別搞錯！

說的很對。我很清楚自己的位置，所以不敢去報「陪月班」，怕一個不小心弄傷乖孫；也覺得自己不當陪月，當個玩耍婆婆較理想。

你問我，人人都説「孩子要教，孫兒要寵」，我會寵孫子嗎？我不敢説「不」，但肯定不會大包糖買給他吃，請放心！

身邊也有人問我：「孫兒出生，要請假陪孩子和孫兒嗎？」會。但我需要跟你們商量，是一人（即孩子的爸、公公和我）一個星期輪着請假，還是一同請一個星期陪着你？這些都是需要協議的。

你問我準備好當婆婆嗎？哈哈，在購買嬰兒用品上，我準備充足。至於時間，我跟爸爸的協議是：你若需要，我們有空就來，好嗎？

至於心理上，雖然我口裏説 ready，但明白一個孩子的出生，會把一切打亂，他會不按理出牌，會讓身邊人來個措手不及⋯⋯

所以，我們該是在 ready 與 not ready 之間，繼續學習！總之一句，we are always behind and support you!

待產心情 何凝

懷孕進入了三十六周，身邊的媽媽們都問道：「孩子隨時都會出來了，anytime! 你準備好了嗎？心情緊張嗎？」我心內既緊張，又興奮，心情有點複雜。

畢竟是人生中第一次生小孩，我又怎可能不緊張？聽到身邊母親對生產過程繪聲繪影的故事、穿羊水時的不知所措、陣痛時的痛楚、對沒有打無痛針的後悔，讓我不自覺地幻想自己分娩時的情況會是怎樣的。加上生產只是個開始，出生後我要帶孩子到哪裏檢查、打針？孩子什麼時候要上 playgroup？他要報讀哪間幼稚園才能入讀心儀小學⋯⋯

當我在看不同 playgroup 的資料時，發現入學年齡已從我認知的 9 個月，調低至剛出生；也有朋友說，若要進某些有名氣的 playgroup，出生證明一出就要去申請排隊，不然就沒機會了。這些問題，都在這兩個月環繞着我倆。即使我們不想成為「直升機家長」，但也明白，社會自會迫使本身不想孩子「贏在起跑線」的我們不得不跟上。

縱使憂慮繁多，還不及我倆非常期待孩子出生的心情。從發現懷孕至今，我們每次到診所檢查時，看着超聲波裏的影像，只要孩子動一下，已讓我們興奮不已。到照四維超聲波，雖然他害羞的把手擋在眼睛前，但知道他各方面都正常健康，我們心裏都很感恩。至近一、兩個月，我每天感受他在肚子裏的一踢一轉身，總會想像他會否是個好動的小朋友，樣子、個性會像誰呢？

還有不久就會和他見面了，除了我和老公，最期待的必定是爸爸和媽媽了！第一次當公公婆婆，你們又準備好迎接他的來臨嗎？

好書推介

《0～3歲給對愛就不怕寵壞》

作者：明橋大二　　　　　繪者：太田知子

譯者：陳雯凱　　　　　　出版社：和平國際

推介　養育幼兒不容易，因為他們不懂表達，讓新手父母常常摸不着頭腦。但這本圖文並茂的教養書，像打開了一扇大窗，讓我們進入幼兒的心靈世界。

讓座的再思 羅乃萱

一直知道，讓座是一種美德。

但活到這把年紀，我看見進入地鐵車廂的人，大都是看着手機。如果我有幸坐到一個位置，會讓座嗎？

坦白說，見到比自己年輕的，我會繼續安心坐下去。但若見到長輩，戴着口罩，滿頭白髮，步履不穩的，我當然要立刻讓座。

不過我們要讓座的大前提是，咱們的眼睛不能看着手機；否則，就白白錯過了這些眼前的「機會」。不是嗎？

至於「被讓座」，則是直到目前為止，我從沒有過的經歷。大概因為我染了頭髮，又走動自如，雖然年近長者，但是表面看起來還是被歸類為「不用讓座」那群。

友人問我，如果真有人站起來「讓座」，我會坐下來

嗎?坦白説,不會。除非雙手拿着東西,人又累得要命,否則我還是覺得「能站就站」。這大抵是一個中年女人的尊嚴與堅持。

孩子,這就是你的老媽我對讓座的思考。因為我所處的,正是這樣一個「讓與不讓」或「坐與不坐」的尷尬空間。

直至你懷孕了,我打電話問候你每天坐地鐵上班情況如何?你總是説:「沒人讓座(特別是九龍線)。」那些西裝男總是自顧低頭看着手機,目中無人,就算你的肚子愈來愈大,身邊讓座的仍是少得可憐,甚至連一個座位也沒有。

面對着這樣一個冷漠得只見手機不見鄰舍的城市,我心中已不好受。所以,我只能每天為你的出入禱告,希望有人大發善心,讓你「好坐」一會。其次,這也讓我深思親子教育課題中,該如何鼓勵家長教導孩子「讓座」呢(因現在的家長多是為年輕力壯的孩子「霸位」居多)。

孩子,這樣深刻的教訓,大抵也讓你明白,他日若見到懷孕的婦女時,你該怎麼做吧!

讓座這美德 何凝

小時侯我就知道，要讓座給有需要的人，加上從 2009 年開始，香港不同的交通工具上出現了「關愛座」，我以為「讓座給有需要的人」這美德有一直流傳下來。在我剛懷孕時，也有向身邊正要臨盆的朋友說：「在地鐵上，應該會有人讓座給你吧？」她的回應卻讓我感到意外：「怎會？我從懷孕至今，天天都搭地鐵上班下班，有人讓座的次數一隻手都數完了。」除了她以外，身邊有不少朋友跟我分享她們的經歷，告訴我不要奢望有人會讓座。

怎麼會？讓座不是從小就有學嗎？起初，我還不太相信。可是過去這幾個月，隨着肚子日漸長大，我本以為會愈來愈多機會有人讓座的，沒想到，座位還是要自己爭取的。每次走進車廂，我看到的都是一排排的「低頭族」，不是在看手機就是倒頭大睡。偶爾會有人抬頭看一下到達了哪個站，即使看到有需要的人，他都會第一時間把頭轉回手機上，假裝看不見。

朋友總問：「你有走到關愛座嗎？那些人應該比較會

讓座？」以我的經驗，畢竟大部分坐在關愛座的人，都認為自己有需要才會坐下，他們不會想到要讓座。坐在其他位置上的乘客，總覺得已經有關愛座可以照顧有需要的人了，也不會想到讓座。

有些朋友建議説：「那你應該穿些更貼身的衣服，摸着肚子，讓別人可以看得見啊！」這我也試過，可是別人只會用疑惑的眼神看着我，再低頭看手機。

漸漸的，我發現一般讓座的人，大都是孩子的媽，因她們也經歷過懷孕的階段。若我走進車廂，坐滿了上班族的男士，有人讓座的機會就會鋭減。

若要改變整個城市的風氣，我們只能身教，把「讓座」這美德教導孩子，讓愛和溫暖能在下一代重新出現！

好書推介

《受傷的天使》

作者：馬雅　　　　　　　出版社：信誼基金出版社

繪者：馬雅

推介　故事中的媽媽說妹妹是受傷的天使，需要家人的接納和關愛。這是一本很有愛的書，更可以教育孩子自小懂得關心和接納跟自己不一樣的同伴。

為你高興感恩 羅乃萱

我當婆婆最大的感受是：高興，感恩。

高興，是因為我看到下一代的出生——那種生命的傳承，那份看見自己的孩子生了孩子的喜悅，實在難以形容。有人曾問我，目睹孫兒出生會哭嗎？我的回應是：會吧！怎知那天在醫院，見到護士推着孫兒出來，見到他眼瞪瞪看着我們，我就欣喜若狂，絲毫沒有感觸落淚的觸動。真奇妙！

我曾經擔心，你們兩口子沒有經驗，湊起小孩會否雞手鴨腳。怎知探望過後，我看到的是二人同心，一個餵奶一個拿手巾幫寶寶擦嘴，一個換片一個遞上棉花，熟練得很。我特別愛看的，是你們幫寶寶洗澡跟哄他睡覺時，一唱一和的模樣，開心得很！

記得我問過你們：帶孩子辛苦嗎？你們都說辛苦，但很開心，很是值得。聽到這些回應，我這個老媽才真的是感動流涕，老懷安慰！

特別是那天來到你家，你讓我抱着孫兒，特別叮囑要護着他的頭，讓我可以拿着奶瓶餵他。孫兒乖乖躺在我的懷抱裏，你就在一旁幫我們拍照。你傳來照片，我看到照片內的自己「笑到見牙不見眼」的傻樣，就知道我這個 P 牌婆婆有多開心。

孩子，每一次探望你，我就一次比一次放心——特別是看到你淡定自若的模樣，熟練的湊仔「身手」。作一個新手媽媽，我會給你一百分啊！

沒有想像中的⋯⋯

何凝

孩子還沒出生之前，我聽到很多朋友說：生了小孩的第一個月，總是天昏地暗，永無休息之時。

所以從帶着初生的孩子從醫院返家的那天起，我已有了心理準備，知道照顧孩子很不容易。一開始的時候，我感到害怕，因為不知道孩子為何哭，是肚子餓嗎？是便便了嗎？是天氣太冷還是太熱？要換尿片嗎？還是要餵奶⋯⋯等等的問題，在腦海轉個不停。

如是者，我跟老公同心合意，嘗試又嘗試。一個月後，感覺我們好像能摸索出一條路，跟孩子也建立了一種默契。現在，我們知道他怎樣的哭聲代表肚子餓，好笑的是他對尿片濕了髒了沒有過激反應，但肚子餓卻是哭得很大聲。當然，他哭還有是因為想睡卻睡不着，要我抱抱，又或者肚子內有一道氣「頂住」，所以很不舒服要再掃風等等，現在都掌握一二了。

最有趣的是，現在我和老公見他睡在牀上，會自言自

語，下午六點左右，怎也不肯睡覺，後來才發現他大概想看着我跟老公吃飯。

不知怎的，我們好像愈來愈懂得閱讀他的心了！

如果問我做媽媽的感受如何？我的回答是「很正面，開心」。生產之前聽不少朋友說，新手媽媽整天就是顧着孩子，會失蹤的。也不是啊！我成為新手媽媽後，還能跟來探望我的朋友吃飯聊天，還可以回覆公司電郵，每天享受跟孩子相處的一分一秒，實在可喜可樂！

童真十式

1. 天真：心中沒有邪惡，覺得世界是美好的。長大了我們知道這是一個美好的願望，雖然與現實有差距，仍希望將之拉近。

2. 好奇：仍對新事物感覺有興趣，並願意學習。長大了我們會抗拒，常覺得「人老了，學不懂的」，這樣想才是不切實際，劃地自限。

3. 活潑：外向好動，一些小事就會開心興奮不已。這種滿足於「小確幸」的快樂，是樂觀積極的來源啊！

4. 冒險：願意踏出安舒區，嘗試新玩意，但也要量力而為。長大了怕這怕那，不敢再闖再創，那才是真正的限制。

5. 愛問：什麼事情都會問個究竟，充滿求知慾。若變成不聞不問，我們所知的就愈來愈少。

6. 同理：很容易同情別人，並主動施予援手。但長大後我們卻像少了這條筋，對社會上有需要的人與事，不理不睬。

7. 貪玩：無論何時何地，總之想玩就有辦法，其實大自然到處都是「玩具」。有時這些玩具或觀察，比花錢買的更好玩有趣，體驗深刻。

8. 真情：不會掩飾，哭笑愛惡全寫在臉上。長大了，我們就要找對人選，否則只會自討苦受。

9. 堅持：對於喜愛的事物，有一種執著。這本是好的，對夢想的追求執著，對行善的執著，但若用在固執己見，不聽人勸的冥頑，就不妙了！

10. 相信：對上帝、禱告及聖經的單純相信與順從。願今天的你我，能重拾！

P牌婆婆的要訣 羅乃萱

沒有人一生下來就懂得當媽媽，更沒有人生下來就知道怎樣當婆婆。

許多人以為，懂得當媽媽，一定懂得當婆婆。不，不，不。

當媽媽湊的是自己的孩子，當婆婆帶的是孩子的孩子，隔了一重，絕對不能畫上等號。

最近，我在網上讀到一篇新手媽咪寫給長輩的文章，其中最大的「提醒」就是「過多的建議，積極的干涉」，讓新手媽咪不勝其煩。

我的外孫在二月新年期間出生，我對婆婆這角色一直也很期待。外孫還沒出生前，我已廣問識途老馬，該怎樣當婆婆。怎知人言人殊，每個人的看法都不一樣。有些積極參與，有些退後一步，有些更過着比正常更正常的生活。我到底該怎辦？

友人說:「到了時候,你就會知道。」她說得對。

如今,外孫出生了快兩個星期。這天,友人突然 WhatsApp 我問:「你湊孫很忙是嗎?」

也不。

這兩個星期以來,我逐漸明白這種特殊又美好的關係,是需要平衡調和,更需要彼此體諒。如果說當 P 牌婆婆有何要訣,以下三點是我想到的:

1. 袖手旁觀:因為這一代湊孩子的想法規矩都跟幾十年前不一樣。比方說,初生嬰兒不喝水,我們聽來匪夷所思,但的確是新一代的看法與堅持,還有醫學證據支持。既是如此,當公婆最好的姿勢就是「翹埋雙手」,等待他們出聲求助才參與,免得有越俎代庖之嫌。

2. 隻眼開隻眼閉:又或者「眼不見便心安」。因為友儕之間剛當婆婆的不少,大家都不敢多言,但目睹這一代怎樣帶孩子還是有點心驚。於是,有知情識趣的婆婆就說:「少見為妙!」免得大家傷了和氣。在這個不願結婚,

更不願生子的年代，一個嬰兒出生，一家都
會緊張。但緊張還緊張，不要反應過度。孩
子多吃或少吃了奶，多了還是少了大便，多
睡還是少睡，都不是「大件事」，我們當公
婆的就看開一點。孫，是去「逗」跟「玩」
的，「湊」的主權，還給父母吧！

3. **他不是我的孩子，是孫子**：這個基本觀念，
我們最好每天對着鏡子說三次。千萬別拿孫
子當兒子看待，覺得事事都要插手，每一個
決定都要孩子跟我們商量。非也，孩子長大
了，要當爸媽了，就讓他們試試吧！
至於我這個 P 牌婆婆，很多人說孫子出來，
該除牌了。不，我覺得才剛開始，而且還是
個 N 班（即幼兒班）P 牌呢。

新手媽媽的直覺 何凝

懷孕初期，朋友總在問：「你要當媽媽了，心情如何？」在他第一次踢腳，我把手掌輕輕放在肚皮上，輕輕摸着肚皮的起伏，「真的要當媽了。」心情既興奮，又緊張。每次看到有小孩的朋友們，都會從「懷孕期間有什麼不能吃？入院前要準備什麼？」問到「孩子出生後有什麼需要買？要穿多厚的衣服？」幸好她們都耐心的解答，並把不同的 checklist 都傳給我參考。

可是，朋友間的建議都各有不同，如該什麼時候幫孩子洗澡、餵母乳等，也有不同說法。她們總會說：「這是我的做法，你到時候就知道什麼最適合你們了。」到底哪個方式最適合我？我要怎麼知道？許多疑問一直在腦海裏打轉，我只好相信「到時候」問題就會有答案。

在產房待了十幾個小時，由安排順產到臨時開刀，我看到孩子的第一眼，即使身體已筋疲力盡，也用全力抱抱他，「終於看到你了！」幾天後出院回家，我便

正式踏入「到時候」的時間。

初生嬰兒的一天是不斷循環「吃、睡、拉」的，而且是每一到兩個小時重複，讓我倆手忙腳亂的。還記得第一天，我剛餵完奶，老公就幫忙換尿片，但孩子還是哭，我倆一直猜，才發現他累了要小睡一下。到了晚上，以為孩子會睡多一點，怎知道他不但沒睡，甚至到凌晨時分還不肯睡，我倆不管做什麼都沒用。我開始想起那些「到時候」的建議，他哭時我該抱着安撫，還是讓他在牀上哭夠了就會入睡？前者能讓孩子有安全感，但會否令他太依賴？後者能讓孩子獨立，但我會否太狠心？

每個方法都沒有對錯，只是適合不同的家長和孩子。每位新手媽媽，身邊會有很多朋友想幫助你，給予意見，但意見各有不同，反而會變得不知所措。此時，媽媽就要發揮最強的直覺，從眾多建議中選取適合孩子的。原來「到時候」，我們身為媽媽是真的會知道的。

教養十思

1. 孩子是一張白紙，父母就是重要的繪畫師。這個責任不是上一代或老師，甚至其他人可輕易取代的。

2. 我們希望孩子變成什麼樣子、有何特質能力等都可以是教養重點。在孩子出生的日子，我們不是常憧憬他會變成什麼樣子嗎？想想看？

3. 這張藍圖跟上多少興趣班拿多少個獎無關，那些都是過眼雲煙。拿了多少獎盃獎狀又如何？若他優秀得只剩下「成績」（或「賽」績），不懂關懷別人，不懂謙虛求教，不懂做人處事，那才可憐呢！

4. 愛理不理是放任，什麼都管是掌控，教養是兩者中的平衡。這是個大學問，我們要每天學每天修正，最好跟過來人交換心得。

5. 父母想教導孩子什麼原則價值，先要以身作則才能潛移默化。我們只說不做，比不說不做更糟。

6. 讓孩子懂了便「自己去做」，比「替他做」的效果來得慢但深遠。我們若快快替孩子做了，孩子便慢慢（甚至不需要）學懂。

7. 孩子不聽管教是常有的事，首先要看家長的指令是否清晰明確。特別是用孩子聽得懂的說話，如對一年級的孩子來說「做事有手尾」還不如「把玩過的玩具（如車仔洋娃娃）放回櫃中」清楚。

8. 大聲吆喝、長氣囉唆長遠來說並不管用，還是溫柔堅定、賞罰分明奏效。

9. 如果要罰的話，父母真的要說得出做得到。而且最好在孩子犯錯當下罰他，讓孩子知道這樣是錯了，「如我數到十，你還沒把玩具收回櫃子裏，那我就把玩具收起來了！」到時就要做了，別心軟啊！

10. 每天求主賜下智慧洞見，讓我們帶領孩子走在正道。這是父母終生的禱告，希望孩子能緊緊跟隨主，不離不棄。

餵不到母乳的內疚

羅乃萱

孩子，我見到你一天天的試餵母乳。從一點點的餵，到今天「暢順」的餵，老媽實在好生羨慕。

坦白說，在你初生的日子，醫院裏推的盡是鼓勵母親餵奶粉。哪種牌子的奶粉吃了 BB 會更健壯，哪隻牌子吃了不容易長胖，那個年代的媽媽都瞭若指掌。

你問我有否同樣餵奶的經歷？「上不到奶」的掙扎，我有。

還記得在醫院的頭一個星期，我怎餵都沒有一滴奶水。生氣、沮喪之餘，我回家立刻煮了章魚湯（或生魚湯）喝，也不見得有任何成效。試了大概三個星期，見到你餓至哭翻了天，我只好放棄，全用奶粉餵哺。

那時曾問自己，為何自己沒有奶給你吃？是我身子虛弱？營養不足？還是天生有問題⋯⋯還好，這種自責只出現了一陣子，我就把問題擱在一旁，全情投入用

奶粉餵哺。

接着的問題就是，你不大愛喝奶，一次最多喝三至四安士。甚至當人家的寶寶正大口大口地喝八安士奶的當下，你仍是最多喝四安士。那時，我曾以為你會長不大，也擔心喝不夠奶，會妨礙你的腦部發展及發育。

如今我當然知道，這些擔憂都是多餘的。你還不是長得亭亭玉立、高大健壯嗎？

至於談起餵不到母乳的內疚，你總是説年代不同，我的年代流行餵奶粉，你的年代卻倡導母乳，並有陪月相助，不用內疚啊！

孩子，謝謝你的體諒。這就是為母，為婆婆的我，最大的安慰。

餵母乳的掙扎 何凝

懷孕期間，我每次到公立醫院覆診，電視屏幕都在播放如何餵哺母乳的片段。單看影片，餵哺母乳看似不難。最後一次產檢，我被護士安排到一間房間，和幾位準媽媽聽護士講解母乳的好處及正確餵奶的方法。本來我認為餵母乳應該沒有很難，但護士惡狠狠的一句：「如果我在病房看到你，不要讓我看到你們用奶樽！即使用手擠，你們還是要餵母乳！」讓我心中來了一股莫名的壓力。身邊有幾位媽媽朋友都跟我說，不要給自己太大壓力，萬一母乳量不足也不要傷心，補奶粉也不盡是壞事啊。

餵母乳真的那麼難嗎？真的，很難。

產後的頭幾天，我看着孩子在餓着哭，但自己的身體卻還未能「上奶」，即使用手擠，也只有幾滴奶水，不禁生自己的氣，沮喪地覺得自己不能盡母親的責任，連最基本的也不能給孩子。

即使一星期過去了，奶量稍微增加，但寶寶的食量也

跟着增加，我怎能追得上？

除此之外，由於我還未掌握餵哺技巧，身體上的痛楚也很難受。我不禁自問：「我真的能做到嗎？」

幸得家人和朋友一直鼓勵，配合陪月的湯水，我的身體漸漸復原，奶量也隨着增多。

孩子每次吃飽的幸福笑容，用圓圓的眼睛看着我，好像已認得我，並在說：「媽媽，謝謝，我很滿足。」那一刻，所有的辛勞都值得了。

最後，花了整整一個月的努力，我終於成功達到「餵哺八成母乳」的目標。你，也有同樣的經歷嗎？

好書推介

《跟阿德勒學正向教養‧學齡前兒童篇：理解幼童行為成因，幫助孩子適性發展、培養生活技能》

作者：簡‧尼爾森、　　　　譯者：陳玫妏
　　　謝瑞爾‧艾爾文、　　出版社：大好書屋
　　　羅思琳‧安‧達菲

推介　作者簡‧尼爾森為「正向教養」創始人及權威。此書可讓父母全方位了解幼兒的各方面發展，並提出不少幼兒問題行為（如不願睡覺、分離焦慮等）的對策良方，對家長來說是很實用的。

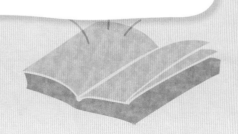

生病

乖孫病了　羅乃萱

為人父母最擔心的，就是孩子生病。

還記得女兒生病了，我們兩個就寢食難安，輪流起牀照顧她。最嚇人的就是那些什麼嬰兒生病被疏忽照顧猝死的新聞，看在父母眼裏，簡直是引發焦慮的噩耗。到女兒長大，我滿以為這樣的日子早已遠離。因為孩子大了，出外留學回來，早已懂得自我照顧，哪用我倆操心。

怎曉得，乖孫出生，這個「循環」又再出現。

我們一家四口，都很怕很怕他生病。不過話說回來，乖孫身體一直很好，就算打針也沒發燒。這是為人婆婆最安樂的事。

只是，凡事都有第一次。

正當我們一家都覺得乖孫愛吃愛睡，每天都是生龍活虎地吃玩睡之際，卻沒料到在流感高峰期，他被傳染了。

就是這個星期天，一家四口到西餐廳吃午飯。十個月大的他，硬是愛吃「大人食物」，吃着喝着，突然嘔吐起來。我看着他把嘴巴裏的食物全吐出來，而且嘔吐物是水狀的。那刻，他受驚哭了，我也被嚇得目瞪口呆了！

「怎麼辦？他為何會嘔吐？」少爺一嘔，咱們有點陣腳大亂。他爸忙着擦掉地上的嘔吐物，女兒抱着兒子拍肩安慰，我幫忙收拾桌上用品準備撤退。然後，我們替乖孫量體溫，他竟發燒了！我們便去附近藥房買退熱貼。第二天早上，我趕忙吩咐菲傭姐姐煮「粥水」餵他。種種情境既陌生又熟悉，昔日女兒身體不適時，我們曾這樣照顧她的細節，不知怎的都一一浮現。

當然，最不一樣的是，往昔起牀查看孩子身體狀況的責任，如今是他的父母來扛。雖然如此，那個晚上我還是三點多起了牀，因為掛念，難以入睡。後來知道乖孫燒退了些，我才安心上牀睡覺。

如今我更是明白，「養兒一百歲長憂九十九」這句話，原來也可引用到「養孫」身上呢！

孩子生病了 何凝

自出生以來，除了打針後的發燒，他很少生病。直到他十個多月大的一次，我帶着他跟婆婆出去吃晚餐的時候，愛玩的他變得安靜，我就知道不對勁了。他吃了幾口飯，突然把所吃的東西都嘔出來！「你還好嗎？怎麼辦？」我着急的把他從嬰兒椅抱出來。摸一摸額頭，他發燒了！剛剛還好好的，怎會發燒呢？是他剛吃了不乾淨的東西嗎？還是細菌感染了？

這些問題在腦海裏浮現後，我趕快吃幾口飯，立刻埋單，到藥房買嬰兒退熱貼（其他新手媽媽説它會讓孩子舒服點）。晚上門診都關門了，我們只能等到隔天早上去看醫生吧。

回家後，我趕快幫他洗澡，量體溫。即使發燒，他看到最討厭的體溫計還是出盡全力把它推開，我只好先哄他睡了再量。可是發燒很不舒服，讓他很難入睡。他好不容易睡着了，我便輕輕把他放回牀上，看他紅紅的面頰，拿體溫計量一量，38.9 度，希望他睡一覺，明天會好一點。

一個多小時後，我還是心掛掛的，想要進去房間摸摸他，看他的情況怎樣。我發現他滿頭大汗，但額頭沒那麼熱了，就心安了點。回到房間，我在牀上滾來滾去，還是難以入睡。即使睡了，聽到一點聲音，我就會醒來。向來很難被吵醒的我，這夜變成了 light sleeper。

第二天早上，婆婆傳來的第一個簡訊，是問孫兒的情況。還好，他燒退了，變回那個活潑的孩子，看到他的笑容，我終於放下心頭大石，也拍了　張照片給公公婆婆，讓他們可以放心。孩子病了，我倆當父母的，固然擔心，想不到連公公婆婆也不例外。原來，「養兒一百歲長憂九十九」也包括孫兒呢！

親子十訣

為人父母的
十個別以為

1. 別以為幫孩子掃除障礙，孩子就一帆風順，那只會讓他不懂面對障礙。

2. 別以為讓孩子多上興趣班，孩子就有多元興趣，其實興趣班太多，會扼殺孩子的興趣。

3. 別以為所有事都幫孩子做，孩子就會專心讀書，到頭來只怕孩子樣樣都嫌麻煩瑣碎，什麼小事都不懂處理。

4. 別以為有事幫孩子出頭，孩子就平安無事，如果是孩子錯了，這樣做只會讓他不知己過。

5. 別因為孩子大哭大鬧，我們就答應他所有要求，這樣只會助長他撒賴的習性。

6. 別以為有功課幫孩子做，孩子的成績就穩步上揚，到考試來了，他才發現自己懂的不多。

7. 別以為孩子不理不睬，是不想跟我們聊天，他極可能是不想我們擔心，想自己處理，想保護朋友私隱而已。

8. 別以為拒絕孩子，孩子就會不喜歡我們，其實孩子心底裏，是知道父母用心良苦的。

9. 別以為攔阻孩子談戀愛，孩子就會不談，他只是不通報你，我們不如好好跟他談談戀愛是怎樣一回事。

10. 別以為叮囑孩子要倚靠上帝，經歷上主，孩子會嫌我們在強壓。如果我們深知所信的是誰，又能活出所信守的，孩子自能明白我們對信仰傳承的執著與「肉緊」。

永不止息的「長憂」

羅乃萱

為人母親，最常出現的情緒，就是憂慮。

孩子年幼，我擔心你打針後會發燒，還有感冒、感染。不過最難熬的，當然是你中學時的沙士一役，因班主任染上沙士，你要隔離在家。那個晚上見你懼怕的眼神，雖然明知「不可為」，我還是把驚慌的你緊抱入懷。還記得你問我：「如果我要進醫院，你呢？」我說：「你進醫院，媽媽陪你進醫院。」這也是為母能給你的安慰與支持。

我滿以為這樣的情境已成過去，這樣的憂慮不會復再。萬沒想到這趟新型冠狀病毒來襲，有如沙士的「加強版」，讓整個城市陷入「搶購」潮。但慶幸的是，正當人人心慌慌去買口罩，買廁紙，買米的當下，我們都沒被捲入這個漩渦之中，因為我們都怕人多密集的危險。更令我感恩的是，患難見真情，身邊不同朋友送來問候，甚至所需物品，解了燃眉之急。

就在心中滿是感恩，但疫情仍是來勢洶洶的當下，我

接到乖孫發高燒的短訊。那刻，我真的感覺有點「招架不住」，最難熬的就是與公公陪你帶他去看醫生。一量體溫，發現他有 38 度多的高燒，醫生説要做測試。那等報告的十多分鐘，如坐針氈。我不禁自問：「是否我接觸了哪位感染者，把病毒傳了給乖孫？」最後見到你抱着他以盈盈笑意走來，我就知道「乖孫不是感染了新型冠狀病毒」。最後，真的如醫生所説，他是患了「玫瑰疹」，因為不久就見到他身上長了些紅點。登時，我像放下心頭大石似的，舒了好幾口氣。

友人見狀，笑語：「你不是説孩子大了就不用擔心嗎？」這是騙人的。孩子大了，我就輪到要為乖孫擔憂，身為人母的擔憂是永不止息的。「養兒一百歲，長憂九十九。」原來是把孫兒也算進去的啊！

肺炎的恐懼 何凝

二〇〇三年，一場非典型肺炎（沙士），讓港人經歷前所未有的恐懼。當時我還是學生，只知道要每天量體溫，戴口罩。還記得不同學校接連出現確診個案及停課，我每天回家看肺炎確診及死亡數字，已是家常便飯。

直到有一天，早上我如常上學，晚上媽媽便接到老師電話，説班主任確診了，我們明天起停課及自我隔離。明明早上我才見過的老師，怎麼晚上就説發病？我回到房間，坐在牀上，心想：剛剛還和家人吃晚餐，萬一我感染了，不就會影響他們嗎？那一刻，媽媽敲敲門，看到我擔心的樣子，她忍不住走來抱着我，説：「沒事的。」我問她：「肺炎令天天都有人死，你不怕嗎？」爸爸也來了，説：「我們都在你身邊，你不用擔心的。」一家人抱成一團。

二〇二〇年，新型冠狀病毒肺炎再一次把我帶到這恐懼中，但這次，我已有了孩子，比起自己，我更擔心他，每天盡量避免出門。上星期，可怕的事情發生

了。向來健康的他，突然發高燒，沒有咳嗽也沒流鼻水。我該怎麼辦？帶他到醫院或診所，怕會因此而感染到肺炎，但不去也不行。我只好戴起口罩和眼鏡，把孩子和我包得像糉一樣，避免任何接觸，把他帶到家庭醫生的診所。

醫生問診後，用聽筒聽他的呼吸，說他的肺部沒事，再做了流感測試，知道他不是患了流感。那到底是什麼病？醫生好像還未解開我的憂慮。醫生說：「有可能是玫瑰疹，看看他退燒後有沒有出紅疹就知道。」高燒持續了三天，我一直回想去過的地方，有沒有可能接觸過新型冠狀病毒。幸好，孩子退燒後出紅疹了，證實他患的是玫瑰疹。

原來，成為父母後，我們最擔心的還是孩子。婆婆，你有同感嗎？

好書推介

《口罩》

作者：福井智　　　　繪者：林菜摘子

譯者：吳佩蒂　　　　出版社：道聲出版社

推介　這是個不一樣的口罩故事，主人翁小豬因為不喜歡自己的鼻子，所以戴上口罩，但碰到不同的朋友戴上口罩後，卻有不一樣的發現。這是一個有趣又有深度的故事啊！

唔駛驚，驚乜嘢！

羅乃萱

記得在孩子小時候，我們剛買了新的房子。

只是房子的四道牆都鋪上了木板，一開門進去就有種陰暗的感覺。當時，孩子的爸抱着女兒，就聽到她大喊：「好驚啊，好驚啊！」

爸爸便立刻拍拍心胸，溫柔堅定地，邊耍手邊説：「唔駛驚，驚乜嘢！」驚訝的是，女兒見狀，立刻學爸爸的模樣，自言自語跟着説：「唔駛驚，驚乜嘢！」逗得大家笑不攏嘴。

往後的日子，每逢家中誰説怕怕，我們就會用這六個字（加埋手勢）來彼此安慰和鼓勵。不知怎的，這六個字就成了家中的口頭禪。

曾聽人説，當了公婆之後，感觸特別多。有許多跟孩子兒時相處的回憶，到孫兒出生時，竟可以全浮現了。

就像這天，孫兒已過了滿月之歲，日見長大。孫兒的脖子也長得硬硬的，女兒也沒初生時那樣緊張，便問我們兩老想否抱抱他。我等了這個日子良久，當然不會錯過這個難得機會。

我遂按照乖女指示，用嬰兒的消毒液洗過手，換過衣服，一把將乖孫抱了入懷。那種喜悅滿足，實非筆墨所能形容。

抱了一會兒，女兒就問：「輪到公公抱啊！」

怎知公公一直搖頭，說：「不用，不用！」

我們大伙在旁，一直慫恿：「抱啊，抱啊，一點都不重。」

他仍不願伸手去抱。為什麼？「因為怕不小心，弄傷了 baby。」公公終於臉帶靦腆地道明了苦衷。

「唔駛驚，驚乜啫！」怎知，女兒衝口而出就說了這六個字，更補充說：「爸爸，我小時候，你鼓勵我什麼事都要嘗試，不用害怕。今天到我用你教我的話來回敬你了，哈哈！」

結果，孩子的爹——孫兒的公公，在半推半就下，抱了孫兒。而我看着她父女孫三人攬在一起的場面，不知怎的，眼眶濕了……

緊張的公公 何凝

看着孩子出生，我當然想第一時間把他抱住，對他說：「孩子，爸爸媽媽很愛你啊！」但當醫生把剛出生的他抱到我懷中，我卻緊張得動也不敢動，怕弄傷他。看着他全身軟軟的，感覺一不小心，就會弄傷他。

每天看着孩子，從換片、餵奶到睡覺都親自照顧，很快我也變成了熟手媽媽了。孩子滿月時，我們帶着孩子到爸媽家，婆婆立刻興奮的抱住孫兒，唱着歌：「我要向高山舉目……」站在一旁的公公靜靜的看着，完全沒有伸手去抱的意思。「公公，抱抱你的孫兒吧！」我邊說，邊把孫兒往他懷裏送。「不用不用，我看看就好。」公公邊說邊後退。我跟婆婆一直游說他抱抱孫兒，都被他用「他還未洗澡，不夠乾淨」打發。最後，我們只好用絕招：「我們可以等你洗完澡，乾淨了，再抱抱他啊！」公公見不能再逃避，只好說：「你看他這麼小，我怕我弄傷他。」我衝口而出的第一句話，就是：「唔洗驚，驚乜啫！」

這句話，是在我小時候第一次踏入新家門，到處漆黑

一片，一步也不敢踏進屋裏，叫着：「好驚啊，好驚啊！」時，爸爸媽媽拍拍胸口對我説的話。這話成了每逢遇到害怕的事情，我都會跟自己説的話。沒想到這次，我會用相同的説話鼓勵公公。他聽後，小心翼翼抱着孫兒，孫兒也看着他，給他一個微笑，融化了公公的心。

原來我們在小時候聽到的話，不知不覺會記在心裏，成為成長中的鼓勵及支持。不知道我會把什麼傳給孩子呢？

了解爸爸十問

1 小時候的你最愛玩什麼遊戲？

2 還記得小時候家中的客廳房間是怎樣的嗎？

3 你對爺爺嫲嫲最深刻的印象是什麼？

4 平日晚餐時間你跟家人多談什麼？

5 你最懷念的親戚是誰？為什麼？

6 你跟弟兄姊妹都玩什麼？跟哪個最要好？

7 童年做錯事時父母會怎樣對你？

8 童年時你覺得最艱苦是哪段日子？

9 爺爺嫲嫲說過哪一句話影響你最深／仍記得？

10 小時候你的家人有何信仰？它給你帶來什麼影響？

兩代媽媽的
育兒秘訣

凡事都有規劃 羅乃萱

記得某年暑假，公公給我一份功課，就是要我訂下一個暑假作息的時間表，並貼在牀頭櫃的玻璃上，每天按表生活。那時我覺得公公很嚴，什麼事都要我有時有候，但奇妙的是，自此我就愛上了根據時間表工作。

至你出生，我才發覺大考驗來了。初生的你，根本不按我們的本子辦事，我們本來訂的時間表在你出生後的第一個月根本行不通。但素來愛紀律的我，仍沒有放棄。也許那時你喝的是奶粉，不是人奶，所以兩個月下來，你已穩定地每四個小時喝三至四安士奶。早忘了如果過了時，我會不會忍心不給你餵奶，卻清楚記得到了時候，就會跟爸爸拍拍你那胖胖的臉龐，喚醒你吃奶。那時的你，為了配合我們，竟然可以「閉着眼睛喝完整瓶奶」，讓我們為你掃過風後，又倒頭大睡。哈哈！

我一直相信做人要有規劃，而建立時間表正是規劃的基本功。曾聽人說，建立時間表能讓我們在紛亂的世

界中「找到捷徑」，就是每天作息的慣性，知道什麼事該 to do，什麼事該 not to do。

這是真的。人有了規劃，就不會怠惰，辦起事來也較能按部就班，達成目標。我很開心能見到乖孫從小就學懂這個人生要訣呢！

嬰兒需要時間表嗎？

何凝

嬰兒需要時間表嗎？我們要在什麼時候開始製定時間表，讓孩子的生活更有規律？

「孩子出生後要有 routine，那你也會好過些。」這是每次請教如何帶小孩時，我都會聽到的句子。

孩子出生前，我跟老公已做了很多資料搜集，找出適合初生嬰兒的時間表，如相隔多久要餵奶，什麼時候跟他玩，幾點午睡等。可是，我們把孩子從醫院接回家，就發現嬰兒雖小，但是最有權力的。他一哭，全家的精神立刻轉向他；他一笑，大家的心都溶化了。

頭兩個月，我們一心想他跟着時間表走，卻反被他所控制，看着貼在牆上的時間表，灰心不已。「你只要狠心一點就好，他那段時間不吃，之後餓了就讓他哭。放他在牀上，若他不睡哭着要抱，不要理他，就讓他哭吧。」朋友建議，説他們從前也是很狠心，孩子很快就學會跟着時間表生活了。

但也有人説:「現在的孩子幾個月大就要上playgroup,沒有童年了,難道一出生,也要過着軍訓的生活嗎?」想想也是,現在這代孩子,已沒時間到公園玩,只是每天上不同的興趣班,下課回家寫功課。嬰兒期就不能讓他輕鬆一點,需要抱抱的時候抱一下,給予更多的安全感嗎?

最後,我們在頭兩個月裏,沒有強迫孩子,畢竟年紀這麼小,他還不懂為什麼過了時間就不能吃,只會感到父母在他需要時沒有滿足他,讓他失去對父母的信任。現在孩子慢慢長大,生活也變得規律。原來,我們的孩子不需要用到狠心的教法,也能讓生活變得有規律呢!

你當時有要我跟時間表生活嗎?是如何做到的?

《意想不到的幸福家庭秘訣：跟哈佛談判專家學聰明吵架、跟巴菲特顧問學管理零用……輕鬆解決家庭苦惱》

作者：布魯斯・法勒　　　　出版社：圓神

譯者：陳雅莉、鄭景文

推 介　　這不是一本專給幼兒家長閱讀的書，卻是現代家庭很需要的學習——就是如何透過日常生活（如吃一頓晚餐，訂立家庭假期等）的規劃和實踐，培養家庭的幸福感。

擦臉

婆婆密碼 羅乃萱

乖孫雖然還沒懂得講話，但懂得用手勢表達自己所愛所拒。而在眾多大人對他的要求中，他最抗拒的就是「擦臉」。但這可是每餐飯後的指定動作。

為何要擦臉？因為少爺他總是吃得滿臉都是，若不擦乾淨臉孔就會很髒啊。這是規矩，也是必須。只是，少爺他最怕人家碰他的臉，一被觸碰就會把臉轉過去，有時甚至一碰他臉，他就大吵大鬧，我們都沒他辦法。

那怎麼辦？難題一出，我腦袋一直在想：怎樣讓他覺得，擦臉是新奇好玩有趣的？

於是，婆婆的法寶來了！我開始喃喃自語：「媽利媽利轟！媽利媽利轟！」然後瞪大眼睛，煞有介事的，用濕紙巾往他臉上擦擦擦。小鬼頭居然笑了，且笑得呵呵呵，很樂！

從此，幫乖孫擦嘴的任務，就落在我手。

「吃飽飯啦！來來來，婆婆跟你『媽利媽利轟』！」
見到乖孫笑不攏嘴，我也開心極了！

最近跟朋友聊天，大家都知道我在「湊孫」。大家總
是驚訝地問：「你既有工作，又有講座，還要開會寫
稿，哪來精力去湊孫？」

不，不。見到乖孫這樣「受玩」，我哪會感到勞累？
還有，人到中年腦袋容易生鏽。但每天見到乖孫，我
就會碰到新的難題，考驗我的 IQ 智慧，令我產生無
窮的創意。每天這樣鍛煉，腦筋靈活多了。

難怪當了公婆的好友總是跟我說，當了婆婆會感覺有
用之不盡的腦力體力。現在我完全明白且深深體會。
所以每天一起牀，我就湊乖孫，順便做做腦部體操
呢。

媽利媽利轟 何凝

每個小孩都有不喜歡的事情，如不想睡、不想讓出玩具、不想離開遊樂場等，而我的孩子不喜歡的是居然是飯後擦臉。

每次食完飯，看他滿臉食物碎，我就拿出濕紙巾。他一看到，就會露出不悅的表情，開始左閃右避，「咿咿啞啞」的叫，再用手把濕紙巾推開。有幾次他還直接搶了濕紙巾，把它拋到地上，以為這樣就能逃過擦臉的部分。一開始我會跟他說：「乖乖擦，擦完就可以去玩啦！」但這招當然沒用；我也試過在他不為意時快快擦，但這樣不但不能擦乾淨，還換來他大哭大叫，像是說：「媽媽，你明明知道我不喜歡，為什麼還要擦！」

婆婆看着孫兒天天擦臉時的掙扎，突然想出一個好方法。「女兒，讓我試試看。」婆婆一手接過濕紙巾，就看着孫兒：「媽利媽利轟！媽利媽利轟！婆婆要用魔法把你的臉變乾淨！」孩子不悅的表情消失了，婆婆就趁這時機細心的把臉擦好，他不但沒反抗，還在

哈哈大笑呢！從此以後，「媽利媽利轟」就變成了擦臉的代號。

這讓我想起小時候，我也有不喜歡吃的東西，就是茄子。媽媽是如何哄我，讓我從抗拒茄子，到現在喜愛吃茄子呢？媽媽對完全不吃「矮瓜」的我說：「你想長高嗎？你只要把所有「矮」吃掉，就會長高了！」當時單純又正值成長期的我，看着同學們一個個長高，我也想要長高一點，就大口大口的吃。

婆婆的創意魔法，讓一件孩子不喜歡的事變有趣，那就不用逼孩子也能鼓勵他嘗試接受，真好！

親子十訣

給父母的
十句叮嚀

1. 讓孩子選擇自己感興趣的,那興趣便會推動他。

2. 每個孩子的學習都有起跌,那只是過程,不是終點。

3. 我們快樂,就能令孩子快樂。

4. 親親孩子,讓他記住父母堅實的臂彎與溫暖的擁抱。

5. 要求孩子做的事情,我們也要做得到。

6. 孩子經歷得償所願的歡天喜地之餘,也要學習汗流浹背的辛勤耕耘。

7. 我們每天撥時間跟孩子純粹聊天,建立深厚的親子情誼。

8. 孩子需要督責,也需要鼓勵。

9. 給孩子一雙夢想的翅膀,讓他可以飛得更高更遠。

10. 每天跟孩子說再見時,就默默為他的祝禱。

食手指 羅乃萱

如果你問我，我當新手媽媽時有什麼遺憾？不能制止女兒「食手指」，是其中一個。

當時，身邊不少媽媽都在抱怨孩子「食奶嘴」，我的寶貝女兒卻獨愛食右手的拇指。那時，已有不少人跟我說：「她吃右拇指的話，很可能會是左撇子」。怎料真的是這樣！

那個年代，友人建議我將白花油（或辣椒醬）塗在你的拇指上，讓你一吮就知道辣會放開。但我覺得這做法「很不自然」，所以試也沒試。後來我發覺兩歲的你，很愛看自己的肚臍，便跟你撒了這樣一個謊：「食手指，會無臍臍！」做法就是當你吮手指的當下，把你的褲子拉至蓋過肚臍，讓你以為真的是肚臍不見了。這個方法倒是奏一時之效，但我不在你身邊時，你就會發覺食手指是不會「無臍臍」的。

就是這樣，你一直吮手指至四歲多，至上學念書被同學取笑，就自然而然地戒掉了這壞習慣。但後遺症就

是影響牙齒的整齊，最後要箍牙補救。見到你箍牙辛苦的模樣，我就會自責：**假如我當初忍心一點，你早就戒掉食手指的壞習慣呢！**

所以這陣子我見到乖孫在吃手指——嚴格來説他是食拳頭，就很緊張。我拚命提點你：「看，他又食拳頭了！」怎知你卻氣定神閒，回應説：「他吃的可是整個拳頭，不會弄至『哨牙』的！」是嗎？那就好了。

對我來説，無論是男是女，愛美是人的天性。我更盼望下一代的下一代，牙齒也能整整齊齊，不用再捱「箍牙」之苦啊！

食手指，無臍臍 何凝

帶着孩子出門，一旦他把手指放進口裏，親戚朋友就會紛紛搖搖頭說：「不要食手指啊，很髒的，手也不知道摸過什麼。」每次，他總會咬着手指用無辜的眼神看着我，像是說：「媽媽，別的孩子都在食手指啊，我可以食嗎？」即使我把他的手拉出來，他還是立刻把手放回口中。

看着孩子，我心想：他怎麼跟我那麼像？我小時候也是很愛食手指的。當時媽媽跟我說：「食手指，無臍臍。」單純的我很怕會失去了肚臍，就會強迫自己把手指拿出來，不要再食。可是，晚上睡覺時，我還是會不自覺的把手指放回口中，早上起牀還是咬住手指的。

一直到上幼稚園，還記得走進課室，我發現其他小朋友沒有一個食手指的，我就下定決心要把這癮戒掉。最難戒的是晚上，畢竟睡着了我也不意識自己在吮手指，所以就想了一個方法。睡覺時我都把手放在頭下，當不自覺把手拿出來時，我就會醒來，確保不會

再食手指。本以為戒食手指是很艱難的，沒想到過了
幾天，我已經沒有要食手指的意欲。原來，要戒掉壞
習慣，只要堅持就好。

看着兒子，因他的手都會咬到紅紅的，我還是要想想
辦法讓他不要食手。因他還小，不知道肚臍是什麼，
我不能用外婆那招，只能到處查看他食手的原因。原
來，食手指是嬰孩很普遍的動作，通常都是因肚子餓
或出牙痕癢。現在，只要他一食手指，我就會看看時
間，是否該餵他吃奶。若不是，就會把出牙餅或牙膠
帶到他面前。

久而久之，他食手指的時間也減少了。希望他不會像
我一樣，要到幾歲才戒掉食手指的習慣。

親子十訣

有關親子之愛的十個反思

1. 要什麼就給什麼的愛，很容易變成溺愛。

2. 做任何事都不問因由全力支持，很容易變成縱容。

3. 不給規範不管教的愛，等於從不告訴孩子紅燈該止步般危險。

4. 二十四小時陪伴的愛，年幼時是保護，青少年期就變成牢籠。

5. 父母是有血肉的人都曾口出惡言，但醒覺後盡量減少便是。

6. 罵者愛也，但要罵得其時，罵得其法，孩子聽進去才有用！

7. 我們愛孩子的「方式」，多少都受上一代影響，要去蕪存菁。

8. 我們要讓孩子知道無論他變成怎樣，父母仍是愛他的，這點至為重要。

9. 相信與欣賞孩子是愛的實踐，通常比囉唆指摘來得有效。

10. 愛中最難學習的功課就是放手。

洗白白，洗完好滑滑

羅乃萱

孩子，你當然喜歡洗澡啦！那是咱們的親密時刻。

還記得每一天，我最期望的就是幫你「洗白白」。那是每天飯後，我最享受的時間。

你會否記得，每當抱起你洗澡時，這句口頭禪就會出現：「我們洗白白，洗完好滑滑！」然後我就會將你輕輕放進水中。

不知道你還記不記得，每趟幫你洗澡時，我都會親你的額頭，説：「I love you，凝凝！」然後你會回應：「I love you，媽咪！」

這是我們之間的親密動作，也是親子教育所提到的一種家庭儀式。説是儀式其實是言重了，其主要用意是希望你長大後會記得，媽媽每天都會跟你說「我愛你」，你是我的寶貝。

不過，我這個「烏龍媽咪」，常會在你的頭髮還沒擦

乾之前，就幫你穿睡衣。多少次了，你會提點我：「媽媽，我的頭髮還沒乾呢，別穿衣服！」然後，我就笑了。現在回想，我為何要那樣匆忙呢？這些幫你洗頭沖涼的日子，很快就一去不返，我為何不懂慢慢珍惜？唉！

怎曉得時光流轉，多年前我大病臥牀，竟然角色調轉，是你幫我洗澡。還記得那個晚上，你跟菲傭姊姊扶着我到浴室，我脆弱至倒在地上。你扶我站起來，幫我抹身擦頭，我問你為何懂得這樣做？

你回應說：「年幼時你就是這樣幫我洗澡，我只是有樣學樣而已！」

孩子，你知道我那刻有多感動嗎？

你好好享受跟兒子洗澡的時間吧！很快他就長大，要自己沖涼的了。

誰幫他洗澡就跟誰

何凝

「嬰兒最喜歡洗澡了，誰幫他洗，他長大後就跟誰呢！」一聽資深的陪月這麼說，我就知道洗澡的責任一定不能假手於人。在坐月子的時間，不管多累，即使是坐在旁邊用毛巾把孩子擦乾，我仍堅持要參與其中。

懷孕到醫院覆診時，我看過無數次幫嬰兒洗澡的影片，看着那「熟手」的護士邊抱着嬰兒邊解說，心想：洗澡應該不難吧……我每次都細心觀看，記熟每一個步驟及要注意的地方。

孩子剛出生沒多久，第一次幫孩子洗澡的日子到了！我跟外子既緊張又興奮，先開暖氣吹暖房間，再準備好毛巾、衣服、棉花等物資。我們抱着那小而柔軟的身軀，他顯得有點緊張，看着我倆動也不動；把他放到水裏的一瞬間，他嘴角微微揚起，露出甜甜的笑容，像跟我們說：「洗澡洗得不錯，通關！」

最近朋友間也有幾個寶寶出生，我們也會聊到洗澡等

問題。原來，不是每個家長也有機會幫孩子洗澡的。有一位爸爸分享說，兒子出生到現在，還沒有機會幫孩子洗澡，因為岳母會搶着做，他只好站在旁邊，心感無奈。他的兒子，即使有多 fussy，只要岳母一抱，就會不哭不鬧，這是那位爸爸暫時還做不到的。

洗澡，別小看每天只有十多分鐘的時間，卻是父母與孩子最親密的時光。畢竟孩子洗澡時是赤裸裸的，也是最脆弱的時刻，若能有家長陪伴，孩子便能從小建立對父母的信任。

小時候的我也喜歡洗澡嗎？爸媽你們都會一起幫我洗澡嗎？

好書推介

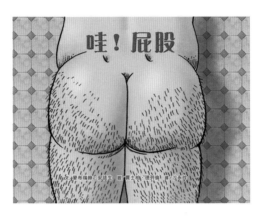

《哇！屁股》

作者：麥布瑞絲·安徒生　　　　繪者：賈士柏·德列倫
譯者：沙永玲　　　　　　　　　出版社：小魯文化

推介　像「屁股」這類話題，小孩一定會問。家長與其逃避不講，不如直接了當，讓孩子認識不同種族，不同顏色，還有不同動物的屁股，多有趣！

一覺睡天光 羅乃萱

孩子，剛收到你的信息，告訴我乖孫能一覺睡九個小時，讓爸爸媽媽可以好好休息。聽罷，我真替你倆高興。

記得你小時候，這是最最令我頭痛的問題。因為我只有十個星期產假，產假過了就要上班。如果你還像初生嬰兒般，一個晚上醒好幾次的話，我真的會沒精神上班啊！

所以，那個時候的「頭痛」是要忍心。忍心在定時定候把你吵醒，那時的絕招是用幾根手指拍拍你的臉珠，只要你嘴巴一張，我就會把奶瓶塞進你的嘴巴。還記得試了沒多久，你已能一夜只醒來兩次，大概三、四個月後，你就能「一覺睡天光」。我還自豪地廣告親朋戚友，看到那些帶着艷羨的眼光，我感覺好驕傲！

那些年，在媽媽群組中，大家最愛問的問題，也是這個：「你的孩子戒了夜奶，可以一覺睡天光嗎？」彷

彿這是孩子成長的一個重要的踏腳石。

只是，媽媽的忍心卻是一個很不容易的功課。明明你睡得好熟，為什麼我要把你吵醒？為了方便自己上班？好自私啊！特別看到你被吵醒那個大哭的模樣，我就更覺難受。只是我敵不過要上班的「現實」，只好咬緊牙關殘忍地把你從美夢中喚醒。

孩子，不知道你訓練乖孫睡過夜的過程中，有否這樣的掙扎？

其實，這只是鍛煉為母學習忍心（或狠心）的初階。為了讓孩子學會獨立自主，這硬着心腸的功課，可是陸續有來呢！

睡覺的訓練？　何凝

兩個月大的他，第一次能一睡到天光，算是對我們很好了。可是，我要忍心的不是吵醒他餵奶，反而是如何讓他自行入睡。

孩子出生前，我根本沒想過入睡也要訓練的。人累了，就自然會入睡，不是嗎？坊間有不少教嬰兒入睡的方式，其中一種是讓他哭，父母每隔幾分鐘才到牀旁安撫他，再離開房間。每次相隔的時間慢慢加長，到最後孩子就會入睡了。

對於這種方法，我聽過兩極的意見，有的說很管用，一個星期就搞定了；也有的說這會讓孩子失去安全感，所以寧可在身邊陪伴到入睡。在他一個多月大時我倆嘗試了這種方法，站在門外聽他的嚎哭聲，說真的，哪個母親會不心疼？若老公沒有在身旁，我應該第一時間衝進去抱着他。試了兩天，孩子不但沒有在較短時間內睡着，連吃奶的量也少了，第三天我們就不敢再試了。畢竟，要一個被抱在懷中睡着的嬰兒一下子獨自睡覺，並不可能。而且，從前也沒有這些方

法，我們還是能自己入睡了，我想應該有不同的方式，也能達到同樣的目的。

我們先忍心把他放在牀上去試，不管他怎樣哭也不抱他，但在他牀邊拍拍他，唱歌給他聽。他從本來要差不多一個小時才能入睡，到現在幾分鐘就可以了，已經是很大的進步呢。

隨着他入睡的時間愈來愈短，我也多了時間空出來。你曾說我出生後，你多了時間寫文章。後來我發現，孩子出生後，為人父母的不是時間多了，而是一有時間就會全副精神去做事，反而變得更有效率！

好書推介

《好想睡覺的小象》

作者：卡爾－約翰 · 厄林　　繪者：辛妮 · 漢森

譯者：崔宏立　　　　　　　出版社：如何

推 介　很多父母都說，最難搞的是讓幼兒乖乖入睡。這本書就有這種「魔法」，循序漸進地讓孩子進入小象的世界，打着呵欠，快快入睡啊！

狠心的學習 羅乃萱

當媽媽的，最難過的關口，叫「狠心」。說得好聽的一點，叫「忍心」。

但學會了，就一生受用。

記得孩子你剛出生時，我都愛抱你。你哭，我抱；不哭，我也抱。總之，能抱多久就抱多久，因為我相信這段日子不會太長。也不知道是否這緣故，所以你進到幼稚園念書，總是哭個不停，不願跟媽媽分離，變成了幼稚園師生眼中的「大喊包」。

所以，最近見到你們小倆口在訓練乖孫獨自入睡時，我有了另一番的體會。

記得當時見到你們讓他獨自在牀上哭鬧，然後按下時鐘計時，我就問：「你們怎麼那樣忍心，讓他哭着入睡？」

你的回應卻是氣定神閒：「是啊！我們就是想訓練他

獨自入睡，讓他哭十分鐘，進去拍他幾下，他便可以自行入睡！」

是嗎？這樣神奇？有根據嗎？你點頭説有。我這個「深明大義」的婆婆，也只好抽身，讓你們好好訓練孩子。

沒想到的是，乖孫真的一天比一天適應，哭的時間也少了。雖然有天，我跟你爸外出溜狗，爸爸（也是公公）突然説了一句：「我不忍心見到乖孫哭，所以出來走走！」你老爸説，他是最不忍心的那個。

哈哈！其實，這些訓練也只是一個片段。讓孩子獨立就是這樣一個「狠心」的過程。那個年代的我，沒有這方面的知識更沒勇氣去做，但今天你們做了。我能做的，便是支持配合，讓乖孫逐漸學會真正的獨立成長！

狠心的困難　何凝

孩子出生前，我認為自己會是一位嚴格的母親，跟老公商量好要如何教孩子入睡，如何讓他學習獨立。但當我第一眼看到他的時候，才發現要對他狠心，原來是很困難的。

不少朋友在孩了出院回家就開始做「睡眠訓練」。這訓練是在孩子的基本需求都滿足時，讓寶寶在牀上學會自行入睡。基本上是檢查尿片及餵奶後，把寶寶放在牀上，不管他哭得多大聲，父母也要離開房間在門外等，第一次等五分鐘，進去安慰一下，出來再等十分鐘，每次增加 5 分鐘。使用這個方法，慢慢他就能入睡了。

這聽起來是個不錯的方法，可是要實行實在不易。第一天晚上，我在門外聽着他大哭大叫，心想：其實抱着他安慰一下，不就行了？跟老公對看了一眼，他就說：「你現在進去，就不能用這方法了，我們再等一下吧。」結果他哭了一個多小時才入睡……第二天如是，第三天如是……

過了一個禮拜後，我受不了。即使知道他學會入睡是對他好，但我不能接受每天站在門外聽他嚎哭一個多小時。我決定找一個比較沒那麼狠心的方式，就是陪在他牀邊，等他自然入睡。沒想到第一個陪他的晚上，他花不到十分鐘就入睡了。從那天起，他好像知道到睡覺時間到了，花幾分鐘就睡着了。

狠心，一定是每個父母都要做的事，但狠心到什麼程度，父母也要好好拿捏──除了要看孩子的個性，還要顧及自己的感受。這是我學習「狠心」及「放手」的第一課，未來還有很多階段要學習，當媽媽真的不容易呢！

別再溺愛孩子的十個提示

1. 父母應想想買給孩子的東西,是他需要的?還是自己經不起他哀求的?如果養成他有「哭」必應的話,豈非更糟!

2. 孩子能做的事情,就讓他試試做。做不好可以重來。例如叫孩子自行拿水杯至廚房。怕他打破玻璃杯,就用塑膠杯吧!

3. 孩子也有孩子該負的責任,如背書包跟收拾書包。很多時候見到父母什麼都幫孩子做,他就會逐漸失去自理的能力。

4. 孩子是孩子,不是我們的老闆,不能事事都聽他。現代的父母很怕孩子生氣,所以處處讓步。

5. 父母沒時間陪孩子,不等於跟他一起時就任由他擺佈。不少父母覺得少了時間陪孩子心生虧欠,其實跟他講講故事到沙灘玩耍,他會更快樂難忘的。

6. 安撫孩子的情緒有很多方法,父母不一定要給他玩具。帶他離開現場,轉移他的視線注意力,是更有效的做法。

7. 大人講話的時候,要告訴孩子不能插嘴,這是禮貌。父母任由孩子打岔,小心長大後他就不懂跟人溝通的禮儀啊!

8. 若孩子不喜歡現在的學校,父母不要動輒就替他轉校。因為原因很多,孩子總會碰上不欣賞他的老師,父母需要教導他怎樣面對,勝過動不動就轉校轉班,難道長大就要「轉工」嗎?

9. 孩子需要獨處玩耍的空間,父母不用時刻陪着。學懂獨處,是父母給孩子的最大禮物。

10. 雖然明知這樣做孩子會吃苦,也要放手讓他試試。吃得苦中苦,方能夢想成真!

父母應放手

跌倒 羅乃萱

這天，看着乖孫學行，很有趣。

他長得比其他孩子高，七個月大的他不愛爬，愛站着用手扶着 playpen 的圍欄行來行去。當然，他是走得不穩的：有時交叉腳，有時前後腳會對疊，一不留神就會向後跌。

出於維護的本能，我很想跑去扶他一把。怎知女婿説：「不，他自己會爬起來。」

真的？但明明是跌倒啊，他會哭嗎？

看着他正想扁嘴的時候，我們幾個大人卻在旁説：「不要緊，站起來！不怕！」他看見我們激勵的眼神，嘴巴由扁化為笑，一骨碌從地上站起來。

「好嘢！好嘢！」我們在旁歡呼，還給了他一個 like 的手勢。

記得孩子你小的時候，為怕你會「仆親」，我們總是多方呵護。我們在任何地方都貼了一個防護墊，生怕你一跌就會闖出大禍。怎知道，即使這樣小心翼翼，你也在一次「學暴龍跳跳椅」的意外中，跌傷了後腦，還住了兩天醫院，把我們嚇得半死。那趟意外最難學的功課是：即使我們如何小心，如何保護，意外要發生也阻止不了。

如今，看着你們兩個初為人父母，天天抱着乖孫外出：日曬雨淋，坐巴士，逼地鐵，看着他在 playpen 中滾來滾去的那份安然，我真的佩服你們的勇氣與放手。更讓我欣慰的是，見到乖孫即使跌倒碰到了頭，只要摸摸幾下説沒事，他又照玩如儀了。

其實，人生就何嘗不是這樣？跌倒嘛，不用哭，只要拍拍屁股，就可以再站起來了。不是嗎？

小心啊！ 何凝

我是一個很小心謹慎的人，高風險、容易受傷的事，我都不會做。孩子出生後，面對着脆弱的小生命，我萬事都以小心安全為上。每次幫孩子洗澡必須要兩個人互相幫忙，手帕掉在地上要立刻換，玩過的玩具要立刻洗。

丈夫卻與我相反，他是個勇於放手、敢於冒險的人；孩子出院回家，他就幫孩子按摩，讓他趴躺學抬頭，孩子四個月大就和跟他玩前空翻。看到老公大膽玩，我雖然知道他一定會保護孩子，但還是忍不住大叫：「小心啊！」

孩子六個月大時，就開始在 playpen 內扶着圍欄想要站起來，可是他還站不穩，加上他還不會坐下來，試過往後跌在軟墊上，嚇到哭起來。小心的我，自那次起，每當他想站起來，我就會坐在 playpen 內，雙手扶着他。有時公公看到孫兒站不穩跌倒，他也會立刻走進去，緊張的說：「小心啊，不要跌倒，很危險呢！」原來我「小心」的因子是從他來的。

老公見狀，總會說：「沒關係，他跌下就好，在 playpen 裏很安全的。」我心想：我們怎能不擔心？畢竟他是嬰兒，跌倒可大可小。但我也明白，我總不能每時每刻在他身邊，要學習放手。

我從坐在他身後，到站在 playpen 外，即使他跌倒了，我確定他沒受傷後，就微笑跟他說：「沒事，慢慢再站起來，你可以的。」孩子從哭臉露出微笑，再次站起來，興奮的蹦跳着。小心的我，遇上大膽的丈夫，剛好互相補足。讓我們小心地放手，讓孩子能在安全的情況下挑戰自己。這未嘗不是個好方法！

有關讚美孩子的
十個反思

1. 讚美孩子的盡力而為，而不單是成就。

2. 聽到具體的讚美，孩子更明白怎樣能讓自己進步。

3. 「抬舉孩子，貶抑別人」的讚美，小心把孩子推向自我中心。

4. 別集中讚美孩子的成績成就，更重要的是在他展現良好品格時的讚賞鼓勵。

5. 誇張的讚美把孩子抬上天，也容易令他掉下來。

6. 過度的讚美，聽的人會覺得膩與虛浮。

7. 有時，身體語言的讚美（如豎拇指），比說更有效。

8. 讚美有時，督責也有時。

9. 讚美不宜太多，但專注看着孩子，父母真誠道出的讚美，他會一生銘記。

10. 教導孩子萬事萬物從祂而來，得着恩典時要讚美感謝祂。

孩子愛探索 羅乃萱

這天，乖孫剛學會行，走起路來左搖右擺的。他一下子好像撞到桌角，一下又好像要仆倒在地，正是步步驚心。

我跟外公看在眼裏，不住地說：「哎呀，小心啊！快跌倒了！」忍不住就去扶他。他的爸媽卻是站在兩旁，一副處變不驚的模樣。

「不怕，我們都鋪了塑膠板在地上，只要在後面跟着他，扶一下，沒事的！」他們好老定似的。

說時遲，那時快，「嗚！嗚！」乖孫不知道碰到什麼，大哭起來。

「痛痛，是嗎？」他的媽先安慰。

「OK，沒事！你看看那邊⋯⋯」他的爸嘗試轉移他的注意與視線。沒多久，他的哭聲就止住了。

「媽，你知道嗎？當我們愈大驚小怪，孩子就會看着我們的情緒作反應。明明不是很痛，但見到我們緊張的表情，他可會撒嬌的啊！」

是嗎？後來，我經多次觀察所得，覺得她所言甚是。有好幾趟去探乖孫，我這個婆婆也會不小心看走了眼，讓他一腳踏到硬物跌倒，碰到地上的玩具，大哭起來。我也是照版煮碗，乖孫也很快破涕為笑，不再哭了。

那天，我更見到女兒教導乖孫怎樣從沙發落地，把我嚇了一跳。

「你怎麼教他『落沙發』？好危險啊！」我還是上一代的想法，盡量避免危險。

「不，他開始要探索世界，怎樣『落沙發』也是要學習的，倒不如現在就教！」看她指揮若定地教孩子先趴在牀邊，然後用雙腳落地的安全着陸法，我真的心悅誠服。

的確，幼年的孩子，每天都在探索這個世界：拿桌上的熱水杯，拿家中的藥瓶來玩，想攀高拿書桌上的繪

本等等，這種源自本能的探索，乃幼兒必經的階段。為人父母或祖父母，與其亦步亦趨地追隨着孩子，禁止孩子玩這碰那，挪開他們周圍可以令他們跌倒的障礙，還不如教導他如何面對或避開，這是他早晚都要學的功課。

看着女兒跟女婿淡定自若地教孩子，我有種深深的感受，就是：放心釋懷。

讓他探索吧　何凝

由孩子會轉身爬行開始，除了他睡覺以外，我的目光總不敢離開他，怕一不留神他就會受傷。

在很短的時間內，他已變成了爬行高手，三兩下就能從牀的一邊爬到對面，即使到了邊緣，還是毫不畏懼的想要往前爬，彷彿覺得只要自己再往前爬，就能到地面繼續爬，卻還未察覺牀的高度。我的第一個反應當然是要阻止他，可是，這反而讓他更想往邊緣爬，想學會自己上下牀。我總不能一直阻止他，該怎麼辦？

既然他想自己爬下牀，為什麼我不直接教他呢？可是，他還未學會站起來，要怎樣學爬下牀呢？因此，我就從爬下牀要先轉身，用腳着地，再慢慢的往下，一步步教他。當公公婆婆第一次看到我在教他爬下牀沙發時，他們都嚇了一跳：「小心啊！你在做什麼？好危險啊！」我跟他們解釋說：「他總要爬下來，又不想人幫他，我不如教他安全的方法，至少盡量把受傷機會減到最低。」他倆看着我，雖然什麼都沒說，

但滿臉擔心的樣子。我就抱着孩子:「我們慢慢學,要小心點,不要急。」

這種舉動,其實很少發生在我身上。我從來都是個小心謹慎的人,應該是第一時間衝去抱起孩子的那一個;而天生愛冒險的婆婆,本應是鼓勵他去自己爬下去的;沒想到,這次卻反過來。也許,當媽媽後,真的會改變一個人。因着孩子愛探索,我從每次阻止他,變成想辦法讓他安全的探索。

《不是孩子不乖，是父母不懂！腦神經權威 × 兒童心理專家教你早該知道的教養大真相！》

作者：丹尼爾·席格、　　　譯者：李昂
　　　瑪麗·哈柴爾　　　　出版社：野人文化

推介　　此書乃是腦神經權威，加上幼教專家聯手炮製的親子教養藍本。我喜歡書內以清晰的圖表顯示教養模式跟案例，並附上給父母的教養練習，讓讀者很快抓到重點，讀懂孩子的心。

婆婆的驚心 羅乃萱

當婆婆最難做的，就是見到乖孫面臨一些驚心動魄的場面。看在眼裏的我，到底該說，還是不說呢？

身邊友人常規勸我：「你要閉嘴啊！當沒看見就是！」

天啊，怎麼可能？就像這天，手機上傳來照片，展示乖孫被帶去嬰兒健身的樣子，我一看已有點擔憂。再看傳來的影片，我見到他爸牽着他的小手，做不同的動作，心想：如果女婿力度過大，乖孫的手「甩骹」（即「脫臼」）怎麼辦？

我嘗試將這個疑慮告訴女兒：「孩子，也許老媽過度擔心。記得小時候，你坐在地上發脾氣，我冷不提防用力一拉，你就甩骹了，嚇了我一大跳。你們這樣拉着乖孫雙手上上下下的動，會否……」

「媽，放心！那趟我受傷，因為我發脾氣不聽話，你用力拉，我也用力反抗，才會出事。但現在寶寶很乖，不會有事的。」

明白！我也只能如此接受。隨後，坦白說，他們傳來的「嬰兒健身」照，我都盡量秒看秒回，不敢多看，生怕自己又掉入過慮的陷阱。

如今，已經好幾個月了，我已開始習以為常。

畢竟，這一代有他們的想法、教法，培養孩子的方法更跟我們不一樣。我們那個年頭，連自己健身的時間和空間都沒有，甚至不知道健身為何物。現在，聽說嬰兒健身對孩子的成長發育有莫大幫助，我就姑妄聽之好了。

最近，孩子常問我哪個星期六的下午有空，可以去看看乖孫健身。我暫時還沒這份勇氣，怕忍不住口會多講。所以我跟她說，這陣子沒空，待有空才去。待乖孫長高了，長大了，我可能才會安心點看着他健身啊！

嬰兒健身班 何凝

孩子才一個月大，老公某天回家跟我說：「我幫他報名上嬰兒健身班了，三個多月大就開始上。」他早跟我提過有關的課程，但我總覺得孩子的人生還有很多上學的機會，何必急於一時？「那只是運動興趣班，讓他有機會動動身體，認識新朋友，不錯啊。」老公再解釋。好，我們就去上課看看吧。

第一堂課，我抱着他走進活動室，看到別的小朋友，有些已在爬行，但當時孩子連轉身還未學會，我有點緊張。一開始，課堂都只是要我們唱唱歌，自我介紹，做些簡單的伸展運動。到課堂中段，重點來了，我要為孩子翻筋斗！這要一個四個月不到的嬰兒如何做到？雖然老師多番道出翻筋斗對孩子的好處，包括刺激他們的前庭覺（前庭平衡感覺），能令他較不會暈浪。可是看着孩子軟軟的身體，我心裏還是猶豫，要讓他翻嗎？安全嗎？重點是，老師說他翻筋斗時要把手伸直到地面，用作保護頭部，但他還不會轉身，他能做到嗎？

那時的我，看了看教室外的老公，他一看到我的眼神，就知道我擔心，就以肯定的眼神向我點點頭，我也只好硬着頭皮跟着做。因我們是新同學，助教就走來幫忙，邊扶着孩子邊說：「不用擔心，寶寶可以做到的。」我雙手抱着孩子，助教幫忙一翻，孩子的雙手隨即往地面一伸，他做到了！着地時，他不但沒有哭，還微笑地看着我手舞足蹈，我真不能小看幾個月大的寶寶呢。

多去幾次後，因公公婆婆常問起他上課的情況，我就邀請他們來觀課。「他這樣會危險嗎？」公公問。「他現在做什麼？要注意他的頸……」婆婆說道。沒想到，平常最敢冒險的婆婆，也會這樣說。為了安撫他倆，我說：「我明白你們的擔憂，但老師都很小心的。以我這麼小心謹慎的人，也讓孩子繼續來上課，就知道這是安全的。你們放心吧。」他們聽了，便繼續沉默的看完整堂課，我就知道他們是多麼關心孫兒的。

《只有媽媽做得到！
激發孩子的運動潛能》

作者：遠山健太　　　　　出版社：楓書坊

譯者：梁詩莛

推介　　作者認為在六歲以前，是培養孩子運動神經的黃金時期，所以家長要好好把握這黃金時段，讓孩子接受各種「推」、「拉」、「握」、「抓」、「跑」和「平衡」等運動基礎，讓孩子變得活潑自信，愛好運動。

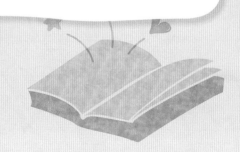

自以為知道 羅乃萱

P 牌婆婆最大的難處，是自以為知道，其實不知道。

P 牌婆婆自以為湊過孩子，幫他換過片，餵過奶，掃過風，就以為帶孩子是這樣的一回事。怎知道，韶光荏苒，一切都不同了……

「現在是否只有 XX 尿片在嬰兒尿後會變色的？」P 牌婆婆問。

「現代很多尿片都有這功能，但你說的那隻牌子好像不存在啊！」新手媽咪回答。

噢！怎麼我一點都不知道。

P 牌婆婆自以為知道怎樣用奶瓶餵奶，怎知手到拿來一餵入嘴，始知舉瓶的手勢不夠正宗。

「這樣拿，才不會讓 baby 吸入太多氣！」新手媽媽提醒。

知道！

P牌婆婆看着新手媽媽疲累的臉容，那天忍不住買了些補品，好讓孩子補補身。

「我在坐月子，傷口未癒，不能吃這個呢！」

知道！沒想過平日愛吃的新手媽咪，生了孩子後對飲食竟然這樣謹慎。我心中不禁冒出那句：孩子真的長大了！（但這句話，我心知肚明就好，不用明說。）

經過多番探望，P牌婆婆開始明白：咱們那個年代的「湊仔方法」已「out」，新手媽媽有她「in」的一套資訊與規劃，我能做的，就是盡量配合。

於是，我開始學習袖手旁觀的從容。就如不少「前輩」贈言所說：「不要太熱情或過度投入，冷眼旁觀，至新手媽咪說需要幫忙，我們才出手，那就是『真識做』。」

絕對同意。

所以這天，我來到新手媽咪家，靜靜坐着，看看這

兒瞧瞧那兒。然後聽到一句，「你想過來幫忙餵奶嗎？」

Sure, sure! 簡直是一呼即應。

我拿起奶瓶，一邊餵奶一邊跟孫兒聊天：「你要乖乖吃啊，吃得多，快高長大！」孫兒嘰嘰咕咕回應，好像聽懂婆婆的話。

新手媽媽就在身邊走出走入，拿奶瓶，換尿片，忙個不停。

孩子吃飽了，她輕輕將他抱起，讓他趴在她肩膀上，熟練地掃風。P牌婆婆看到此情此景，欣慰之餘，更覺得這是一幅極美的天倫圖畫。

外公外婆的放手 何凝

原來，當媽媽後，真的會整個人都變了。

「奶瓶要這樣拿……」「抱孩子要保護頭……」「這些要先消毒一下再用……」這些句子，從未想過會從我的口中出來。畢竟，我一直都是比較無所謂的人，很少會說這些「小囉唆」。現在的我，只要是孩了的事，都會加倍留神，畢竟初生嬰兒是脆弱的。

曾聽幾個剛生小孩的朋友說：「我媽媽／奶奶每天都來幫忙，是有幫助，但也讓我壓力好大。我有時會躲在廁所透透氣……」她們解釋，上一輩照顧孩子的方式及對乾淨的要求，跟我們這一輩實在不同，嬰兒用品也各有不同，但媽媽們又不敢不聽他們的意見，只好向朋友或老公埋怨。

在我坐月的時候，公公婆婆有空就會帶一袋二袋的物資來看看孫兒。一進門，把東西放好，他們第一時間走到孫兒牀邊，看看他安然睡覺的樣子；或者是在我旁邊，看着他吃奶或換片。

「你們用哪一個品牌的尿片？以前你都在用 XX 的，現在好像都沒有了⋯⋯」還好，當我分享的時候，他們沒有質疑我。當婆婆想幫忙餵奶時，我看到她拿奶瓶的方向不對，立刻說：「不要這樣拿，不然孩子會吸太多氣的！」說着，我就把奶瓶方向調好，再去忙洗奶瓶、玩具。還好，婆婆沒有因我着急的語氣而不滿，也沒有反駁說「以前都沒那麼麻煩的」，反而小心翼翼的餵奶，讓我能安心忙別的事。

說真的，上一代能給我們的，就是放手讓我們去試一試；到我們有需要幫忙，就會主動請教你們了。其實，新手媽媽可以多找朋友聊聊天，聽聽他們怎樣面對壓力，也給自己一些喘息的時刻；對上一代，我們可以聽聽他們分享自己小時候的趣事，有機會便讓他們參與一、兩件孫兒的事，對他們來說，應該心滿意足吧。

十個牛角尖
（長輩篇）

1. 我們吃鹽多過孩子吃米。

2. 我說什麼他都不會聽。

3. 他就是這樣的……一個孩子。

4. 我完全沒他辦法。

5. 他什麼興趣都沒有，只愛打機。

6. 他老是愛頂嘴。

7. 孩子不聽話。

8. 他總是十問九不應。

9. 難為我辛辛苦苦把他養大，他竟然……

10. 他離開神了……

尷尬無助的三年

羅乃萱

提起返學，我就想起那讓我尷尬跟無助的三年。

女啊！你還記得那三年以來，你的哭鬧聲讓幼稚園的老師跟工友姐姐們沒齒難忘嗎？

你小時候頭髮鬈鬈的，笑起來有個小小的梨渦，迷死人了。再加上對媽媽我不離不棄，總說「不要離開媽媽」，逗得我多麼心甜。萬沒想到，你對我的黏纏，成了每天上學惡夢的開端。

你知道我每天都在掙扎，到底是「送你」還是「不送你」，心在交戰。

送你嘛，就是想看你對媽媽依依不捨的眼神，但又受不了你呼天搶地不想媽媽離開的糾纏。不送嘛，又有一種「媽媽缺席」的罪名與內疚。為什麼菲傭姐姐送你，爸爸送你，你都不流一滴眼淚，唯獨我卻會呢？身邊人都說，因為孩子黏你，好幸福啊！

只是，這種幸福感的代價太大。記得你念高班那年，為免你哭嗆過度，我常被「規勸」不要送你上學，要我忍得就忍。我也照做了。然後，聽爸爸回來向我彙報你快快樂樂上學去的點滴。

孩子，你還記得嗎？

也是那些年，我開始學習有些過程，縱使多麼想陪你度過，但媽媽的抽身，反而造就了你的獨立成長。後來我才明白，這一「抽」就是放手的第一步。

想強忍還是哭了 何凝

幼稚園時，我最不喜歡早上「返學」的時刻，因不想跟你分開。還記得，我每天早上步入幼稚園的升降機，眼淚便開始滾動着，想要強忍但還是哭了。總覺得你一離開，就會找不到你了，回不了家。可是，每天放學回家，我總會開心地跟你們分享學校的點滴，把上學的「分離」拋諸腦後；但到隔天，「分離」的情緒又回來了⋯⋯

在成長的過程中，人總要不斷的走出安舒區，而幼稚園，正是第一個階段。從天天待在家裏，到一個充滿陌生人的班房，心情總會緊張不安。幸好，當時面對着天天哭鬧的我，即使是多丟臉，你並沒有因此責怪我的眼淚，反而和我學習面對改變。

若當時你的反應不是鼓勵而是責備，我不會有足夠的安全感去面對每個階段。現在我身邊的朋友開始有小孩，也曾看過小孩捨不得父母出去食飯的「分離」。看着站在門外的朋友們，聽着孩子在家裏哭的聲音，他們百感交集的心情，這也許就是你當時的心情吧！

雖不捨，但為了孩子，我就要學習慢慢放手，對父母和孩子，都是一份很重要的功課。

開學後家長的十個反思

1. 每天下課回家，我們要試着跟孩子問些不同的問題。

2. 父母要懂得在若無其事與煞有介事之間落墨。

3. 我們為孩子安排興趣班時，要以興趣為主。

4. 我們要為孩子訂一個作息玩樂的時間表，讓他有一個規律的開始。

5. 孩子在適應期可能有些情緒的表達，我們就見招拆招吧！

6. 孩子面對新的科目與學習要求，可能要新一套的學習方法。

7. 網上資訊氾濫，孩子大多懂得找資料，但家長可以教他分辨真偽準確。

8. 作好準備，是面對挑戰的後盾。

9. 父母應鼓勵孩子去認識新朋友，讓他建立自己的交際圈。

10. 每天晚上我們要握着孩子的手禱告，把憂慮擔心都交託給天上的阿爸父。

和小孩一起
遊戲人間

大玩具是我 羅乃萱

我的童年時代，你公公婆婆都外出工作，婆婆是那種無論我怎樣威逼哄求，她都不順我意買玩具的媽媽。而且我每趟一求，她就會帶我去世界書局，指着書架隨我選購（多少本都可以）。她還跟我説：走進故事的世界，一樣好玩！

到我當了媽媽，情況可很不一樣。可能由於童年的匱乏，所以我跟你爸都愛買玩具給你。雖然不致於過濫，但總不至缺乏。可能由於我選購的都是益智型的玩具，如砌 Lego 和積木拼圖等，練就了後來的你，擁有一身砌組合模型（至安裝家具）的好本領。

而你另外一種愛玩的，就是集體遊戲。我還記得在家中客廳，跟你玩「一二三紅綠燈」，每逢晚飯過後，你就嚷着要跟我們玩，還記得嗎？

坦白說，在我的字典裏，從來不覺得「戲無益」，反而視之為人生必須。而玩具嘛，就是讓我們玩得起勁的理想媒介。

不過到有天當了婆婆，我發現乖孫摯愛的，除了你們
買給她的玩具之外，就是我這個早上新鮮熱辣送到
的「大玩具」。每個早上，乖孫一見到我就如獲至寶
似的開心，不停拉着我看這看那，我也愛將玩具改變
用途跟他玩。就像今早，就把拿來玩煮飯仔的鍋鏟用
來「搔癢」，我跟他説可以用來「RR 痕」，他果然一
教就懂，拿鍋鏟在身上「刮刮刮」。記得我告訴你這
「新玩法」的時候，你那副有點無奈的表情，真有趣！

這午頭，玩具店的玩具多的是。但我的乖孫最聰明，
選了我當他的大玩具，他的生活就會變得其樂無窮
了！哈哈哈！

P.S.：我當然記得你送給我的那瓶摺了好久的星星，
那份久久努力的心意，媽怎會忘記呢，我的乖女！

童年玩具 何凝

每次到玩具店逛逛時，我跟老公總會看到一些玩具想買給孩子，從未試過空手而回。這個玩具可以訓練他的小肌肉，那個又可以刺激感觀，我又怎能不買呢？每次回家，孩子看到新玩具，總會面露笑容的走過來，把玩具抱起來說：「啊，啊。」好像要我們幫忙打開似的。可是，拿出玩具後，最吸引他的並不是玩具本身，而是包裝盒。看他拿着盒子到處走，又開又關的，讓我哭笑不得。

因此，為了節省金錢，我看着最近網購尿片的包裝紙盒，靈機一觸：我們為什麼不用身邊的東西，來造玩具給他呢？從小我就會廢物利用，由於我手工了得，最會做的就是摺紙。廢紙、舊報紙、包裝盒都會拿來摺。船、飛機、紙鶴、星星，我都會摺。可是這次幾個大紙箱，摺了好像很浪費，我便找來家中一些剛用完的濕紙巾、維他命樽、麻繩及魔術貼。

左剪剪，右貼貼，整個過程孩子都在一旁又叫又跳，像是知道我們在做玩具給他。花了二十分鐘，我們便

完成了一架紙皮車（用濕紙巾蓋作窗戶，維他命樽作排氣管，魔術貼作天窗開關，以麻繩作拉繩）。我們一把箱子放在他面前，他便興奮地拉着它到處走，還拍拍箱子，嚷着要我們把他放進去，拉着車子到家裏不同角落。他還會揮揮手，跟每個「站」的人說拜拜呢。

他那天真燦爛的笑容，讓我知道：快樂，其實很簡單。不一定要有新玩具，一家人一起動手做的，也許不及買的精緻，但花的心思，卻是無價的。媽，你還記得我摺給你的禮物嗎？

親子十訣

讓孩子愛上閱讀
的十個點子

1. 閱讀興趣是絕對可以培養的,特別是親子之間。

2. 讓孩子活在一個與書為伴的環境,讓他聞到處處書香。

3. 父母看見書就會發亮的雙眼,是最能感染孩子的。

4. 別說沒動機看書,心中有問題就找書讀讀。

5. 書是溝通與尋找志同道合者的好媒介,鼓勵孩子找書友去!

6. 讀有興趣的書,剛出版的新書,推薦的書等,都是閱讀的好開始。

7. 拿着毛公仔跟年幼的孩子對話說書,讓孩子體會書的可愛。

8. 閱讀是一種情趣,不是溫習,請別混淆。

9. 摟着孩子講故事的童年回憶,是最甜蜜的。

10. 父母願意放下身段試試說故扮嘢,就能將孩子引進故事的世界。

龍貓世界

一同「遊戲人間」

羅乃萱

阿女，還記得每天放學回家，你就要看《龍貓》卡通的日子嗎？

那時我不明白，為何用日文唱的龍貓主題曲，你可倒背如流？每天看着同一個畫面，你竟樂此不疲？還能把劇中的每一句對白，跟着主角説出來。

那刻，老媽心裏想：如果有一天背書，你也用這種態度，多好！所以，我一直沒反對你看《龍貓》。心中，我老等着「那一天」的來臨。

只是等歸等，那一天始終沒有來到。

我反而看見，你將周圍的世界，幻想成《龍貓》的世界。如果媽媽叫你這樣那樣，你未必言聽計從。但若冠上了「大卷廁紙」、「大卷草紙」[1]之名（若沒記錯，這分別是《龍貓》中兩位主角的名字，她們是兩姊妹），你就二話不説「照做如儀」。既是這樣，我也將計就計，跟你一同活在龍貓的世界之中。

「大卷廁紙說要收拾玩具啊！」

「大卷草紙說要上牀睡覺囉！」

哈哈，每次這樣說，你都會「中計」。後來我才知道，稚齡的你是充滿好奇心與想像力，還分不清現實與虛擬的卡通之別。

還記得那天，我牽着你的小手，跟爸爸一同到西貢郊野公園去撿「龍貓種子」，把一顆顆撒落在泥地上的松果撿了回家，你就如獲至寶般告訴周圍的人，說撿到了「龍貓種子」呢。那段天真無邪的歲月，一直在媽媽心中存留着，成了不可磨滅的印記。

我曾被人質疑，這是說謊嗎？我覺得這善意的謊言是一種童話閱讀的延伸活動。你將讀到的，與生活中相近的事物連結。跟你一同「遊戲人間」，那不正正是為人父母（特別是幼兒父母）的專利嗎？

---

[1] 《龍貓》兩位女主角的名字，香港版譯作大卷草子（姊）、大卷次子（妹）。

從「龍貓」到「自行」

何凝

自從家裏買了《龍貓》的電影,每天下課回家,我總要看一遍《龍貓》才心安。當時還是錄影帶的年代,我還看到連錄影帶的磁帶都刮花了,無法再看呢!

每逢周末,不管是郊野公園還是海灘,你們總會帶我到外面走走,讓我接觸外面的世界。我雖然很喜歡到郊外,可是一開始,常常嚷着要你們抱,也許是不習慣在陌生環境裏離爸媽太遠吧(也可能是太嬌生慣養,走兩步就累了)!你倆即使很累,總會被我「討抱抱」的無辜表情打動,立刻將我抱起來。

可是,看了《龍貓》後的周末,我在郊野公園的樹下發現了跟電影裏的「龍貓種子」一樣的「果實」,就拉着你高高興興的跑過去,大叫着「是龍貓種子啊!」

仔細看,原來整條路上散落着不同大小的「龍貓種子」!原本陌生的環境,頓時變得熟悉。你和爸爸不但沒有因我隨便在地上撿東西而罵我(畢竟這些種子

滿是泥濘），也沒有告訴我現實中並沒有「龍貓」的真相，反而和我一起尋找「龍貓種子」！我們邊走邊收集種子，不知不覺就到了黃昏時分，那是我第一次走了一整天都沒有嚷着要抱抱的時刻啊！

我曾在地鐵看到不少小孩因要抱抱而大哭大叫，即使孩子已到了該自行走路的年紀，家長還是把他們抱起來，或買一輛較大的「嬰兒」車，把他們推來推去。其實，孩子的世界充滿了好奇與想像，加上父母的鼓勵和投入，陪他們同玩同瘋，他們就能擺脫過度倚賴的習性，走出獨立「自行」的第一步。

《第一的第一》

作者：羅乃萱　　　　　出版社：愉快學習出版

繪者：昱藍　　　　　　　　　　有限公司

推介　孩子都想被選上，都想得「第一」。只是想歸想，現實卻讓他嘗到「不被選上」的滋味。為人父母可以怎樣化解這種挫敗，我在女兒年幼時用過這「招」，希望也帶給大家一點啟發。

你猜我估 羅乃萱

今天，我去了你小時候念的幼稚園，當畢業典禮的主禮嘉賓，深感榮幸。

還記得那年，你在畢業典禮前被傳染了水痘。我跟爸爸心情忐忑，不知該讓你上台當班代表還是不當，幸虧學校通融，讓水痘初癒的你上台，得償心願。

然後，就是你升上小一了。我滿以為小一的你，該比幼稚園更容易適應。怎也沒想到，從活動教學每天遊戲至適應默書測驗，是一條漫長的路。更難的是怎樣跟你溝通。

因為你還年幼，詞彙有限。每趟回家，我問你在學校發生什麼事情，往往都只聽到「好」、「OK」等簡短回答。我當時心想，你到底在學校跟誰最要好？哪位老師最得你歡心？跟同學玩些什麼等等，都是我想知道的。

於是，我開始改變問的方式：今天你有否好消息告訴媽媽？有否一些事情讓你大笑的？老師跟你讀了哪一

本書？小息的時候，你跟同學玩什麼遊戲？我甚至連答案也想好，讓你四選一。

比方說好消息吧。我就列了：

1. 今天同學請我吃美味的零食。
2. 老師讚我乖。
3. 我聽了一個很開心的故事。
4. 我跟同學玩得很開心。
5. 其他。

還記得那時，我每天寫一兩道問題，跟你好好的聊。你最開心的就是，猜不到媽媽會問哪個問題？我最高興的卻是：我猜不到你會選哪個答案。母女倆最享受的，就是這個你猜我估的溝通時刻。

有時候，我甚至拿着你最愛的馬馬公仔 Dutches，扮它來跟你說話。沒想到你跟它說的，比跟我吐露的多。因為年幼的你，真的以為是 Dutches 跟你聊天呢！

對我來說，扮鬼扮馬，說東道西，怎樣都行！能讓小姐開金口跟我聊天的事，我什麼都願做（扮）！

意想不到 何凝

回想念幼稚園時，每天在學校總有很多唱遊環節。因此，要了解學校發生什麼事，用「唱」的便能略知一二，所以那時你跟爸爸常叫我把學到的歌唱給你們聽。你還記得嗎？

可是，小學卻是截然不同，由從前的活動教學變成中、英、數、常識科目，還要默書測驗，這些對我來說都是新鮮事。

每天回家，我最期待就是和你們聊天分享的時間。你不但沒有因着我還小，未能自己用文字去表達心中所想而不跟我多聊，反而設定一些選擇題，讓你更了解我的學校生活。漸漸的，問題不單環繞日常生活，還加入了啟發想像的元素。讓我最難忘的選擇題，就是：

有一天，如果家裏停電了，你會：
    1.   點幾根蠟蠋放在桌上。
    2.   開電筒。

3. 找鄰居幫忙。

4. 在街上找幾隻貓回來，因貓眼會發光。

那時我很想養寵物，一聽到第四個選擇，二話不說就選了它，我們還走到街上尋找貓咪的蹤影。現在回想，你是如何想到這麼多有趣的問題及創新的選擇呢？

因着每天一問一答，漸漸我的詞彙豐富了，交流的方式也從選擇題變成角色扮演。Dutches 是我最喜歡的公仔，不論是睡覺、吃飯或看電視，我總會把它放在身邊。晚上睡覺前我都會跟它聊天，我一直希望它會像《玩具總動員》的主角一樣，每當我睡着了就會「活」過來，我曾假裝睡着了，眯着眼睛偷看Dutches，期望它會和我聊天。當你扮它跟我說話時，就像夢想成真一樣呢！

有你這位「創意無限」的媽媽，讓我的童年添上更多色彩！

跟孩子好聊十問

1. 這是什麼？可以告訴我多點嗎？
（看見孩子拿起新玩具）

2. 你是怎樣完成的，可否教教媽媽／爸爸？
（看見孩子專注完成某項任務）

3. 來！看看這是什麼？我們一同研究一下？
（旅遊或到新地方時）

4. 今天老師說什麼有趣的課題？
（下課後）

5. 你今天學到什麼新的東西／動作／事物？
（課外活動後）

6. 有哪些是可以改進的地方，讓我們一起努力？
（當孩子嘗失敗後）

7. 有哪些事情你本來覺得很困難，但後來終於完成的？（讓孩子回憶克服困難的經歷）

8. 想想這個年度，你可以給自己什麼新挑戰？
（鼓勵孩子接受新挑戰）

9. 有什麼事情是你絞盡腦汁都想不通的，我們一起來想想？（鼓勵孩子面對困難）

10. 你心中掛念哪位老師同學朋友，我們一起為他禱告吧！（鼓勵孩子關心同學）

玩耍與玩具 羅乃萱

孩子，記憶中你的童年，是很少跟我要求買玩具的。
不知這是否跟童年那趟，我帶着你離家出走到「歡樂
天地」有關。

你還記得那趟，我跟你站在那一隻隻毛公仔的面前。
我編造了不少故事，說凝凝要帶它們回家，它們哭着
說「不想離開自己的家」。結果，你信以為真心軟化
了，不再向我哀求買毛公仔了。但這也讓我們知道，
毛公仔是你的至愛，所以每逢我倆到外地公幹，就會
買一隻回來給你留念。你還記得 Dutches 那頭啡色可
愛的小馬嗎？

只是除了毛公仔，有關玩具的記憶都很模糊。我只記
得吃飯後跟你一同繞着餐桌玩唱遊，發燒初癒時玩擲
紙球，還有跟你到海灘堆沙堡，到岩石旁抓螃蟹等
等，都不是一些花錢的玩意。

還記得當時我定了一個規矩：就是家中沒有電腦遊
戲。你曾多次哀求，說我們為何不買一副 X 天堂回家

一起玩，我的回應是：「我們一星期一次到表哥家玩就夠了！」不知道這樣的「堅持」，會否讓你感覺難受？希望你明白老媽的苦心——我就是不想你的心思意念被電玩擄去。見到你最近跟老公在家買了一副電玩回來，玩得不亦樂乎。你終於找到一個陪你玩的人了，是嗎？

最近跟爸爸逛了一陣玩具城，看到琳瑯滿目的玩具，大人的，小孩的，BB 玩的都有。但我們仍然深信：即使玩具多好玩，都不能取代父母跟孩子玩耍的時間。畢竟，玩具不是用來「打發」孩子時間，而是用來締造親子快樂時光的工具啊！

玩具 何凝

小時候跟你們逛街時，我總會在玩具店門口看到小朋友哭着大叫，嚷着要買玩具。可是，這種情況很少發生在我身上，除了因為我對每個玩具有着深厚的感情，也因着有你們陪我玩，讓每天即使看着一樣的玩具，都會有新的玩法。家裏的毛公仔，除了會上演舞台劇，還曾和「台下觀眾」（也就是我）有互動，還會跟我一起逛街，和街上或店裏的「朋友」聊天。

唯一一個我很想要卻沒得到的玩具，就是電子遊戲。每逢周末到表哥家，他總會和我一起玩不同的遊戲，有籃球的，有戰國時代的，有賽車的⋯⋯讓我也想擁有一台電子遊戲，那我就可以在家裏玩了。可是，你總會說：「來跟表哥玩就好啦，我們不需要擁有的。」說真的，那時的我是多麼希望有一天，當你下班的時候，會帶着一盒 X 天堂回家，可是那沒有發生。

到現在長大了，我跟老公終於買了一台回家。剛開始的時候，我是很期待的，想着回家就可以玩了。可是，有幾次當我一個人在家時，玩了十分鐘，就會做

別的事。那時候我才發現，原來我喜歡玩，不是因着遊戲，而是有人陪着我玩。所以，重要的不是玩具，而是家人朋友的互動。

現今世代的孩子，好像都只會玩手機程式中的遊戲，玩具漸漸失去了它的地位。不論是餐廳，還是地鐵上，少了孩子的笑聲，多了大大小小的「低頭族」，各人拿着自己的手機，大的在看新聞，小的在打電動。手機遊戲大多是個人遊戲，大家只是和早編寫好的程式在「互動」罷了，少了一份人與人之間的交流。若可以，大家不妨放下手機，拿出一隻布偶或機械人，帶孩子回到那充滿幻想、童真的世界！

《誰最可愛》

作者：洛莉・海斯金斯　　　　繪者：辛妮・漢森

譯者：蔡季佐　　　　　　　　出版社：閣林文創

推介　　這是我每天都會跟乖孫讀的書。我問他：「誰最可愛？」他會指指自己，讓孩子從小就知道自己的寶貴與價值，自己是父母（當然包括祖父母）心中最可愛的。這是我們能給孩子的最寶貴禮物。

不累的婆婆 羅乃萱

這個周末，我一完成了四場演講，就「滾水燙腳」般，把乖孫跟女兒女婿接到我家。

我這個 P 牌婆婆，一見到乖孫，心都甜晒。本以為講完四場演講，我會筋疲力盡，怎知一見到他的笑臉，就累氣全消。我抱孫在懷，邊唱邊逗他玩，不亦樂乎。

女兒見狀，多次問我：「媽媽，你不是剛講完道嗎？怎麼不累的？我們跟他磨了一個早上，早已累死了！」

哈哈，我也不明白。總之一見到乖孫，我就像大力水手吃了大力菜一般，立刻精神爽利，精力充沛。

這個下午，我用不同的音調，大小聲的變化，對着乖孫唱：「O MacDonald has Titus, E-I-E-I-O……」他聽着，就會咿啞咿啞説起話來。看着他好想説話的趣致模樣，我就愈唱愈起勁，他咿啞得愈大聲，我就愈唱得「肉緊」。

另一個玩法，就是我邊唱邊用手指碰觸他的癢處，他會咯咯咯笑起來。那甜美的笑容，簡直就是最好的驅憂藥，將一切煩惱拋諸腦後。

女婿見狀，就問：「女兒小時候，你下班回家，也會這樣跟她玩嗎？」

當然。還記得我一到家，就放下公事包，將辦公室的事情擱置一旁，全神貫注跟孩子玩着各式各樣的遊戲。從幼兒的「點蟲蟲」，至長大成兒童的捉迷藏，都是我跟孩子最愛玩的。所以孩子小時候，一見到媽媽，只想起一個字，就是：「玩」。

每個晚上我都會跟她玩個不停，把她的精力耗盡，她自然快快入睡。雖然事後我感覺疲累，但仍樂此不厭。如今，最沒想到的是，我只是幫忙照顧一下，盡上點點湊孫責任，竟能一如既往般精力十足！不知是孫兒的魔力大，還是我仍是如此老當益壯呢？

「老少咸宜」的媽媽

何凝

我從小就有機會跟着媽媽到處演講分享，不論對象是家長、老師，還是中年人，氣氛總會由原本安靜嚴肅，被她的熱情感染至充滿回應及歡笑。看着她從教小學生寫作，到談婚姻親子，一直到談中年婚姻，就知道她的聽眾橫跨幾個年代。

看着忙碌的師母，很多人必會想：她做完一場演講，回家一定要好好休息吧？不是。還記得小時候，每逢周末都是演講的高峰期，媽媽都會忙得不得了。可是，回家後，她總會和我聊聊天，玩遊戲，堅持每周日是家庭日，所以不管多忙，一家人都會預留時間享受相處的時光。

每逢周日，我們一家都會抽時間到郊外走走，親親大自然。在我還小的時候，我非常喜歡看《龍貓》卡通，每天看幾次都可以很專心看。她就順着我的興趣，帶着《龍貓》迷的我到西貢郊野公園找「龍貓種子」（即松果），以我的角度探索世界。

沒想到，幾十年後，她仍是充滿精力的和孫兒玩。看着她在地毯上和孩子玩成一團，即使是相同的玩具，她每次都有不同的玩法！難怪孩子每次看到滿腦點子的婆婆，總會開開心心的揮揮手，像是叫着：「婆婆，快來和我玩！」婆婆看到孫兒的微笑，當然拒絕不了，就會放下手上的事情，走到孩子面前唱着歌，尋找下一個可以玩的玩具，逗得孩子嘻嘻哈哈的笑。

即使現在年代不同了，但孩子最喜歡的還是親人陪伴玩耍，所以婆婆要繼續充滿精力的和孫兒玩啦！

天真十式

1. 天真裏面沒有詭詐，看凡事都有美好一面。

2. 年輕時我們太天真，容易被騙，所以要汲取教訓。

3. 天真是否很傻，那又如何？最重要是心誠與真情。

4. 天真沒錯，但以為世上個個都跟我們一般天真，就過度了。

5. 天真被濫用，是因為我們爛好人。所以天真得來也要節制。

6. 別以詭詐剝削別人的天真，人家早晚會發現的。

7. 多閱讀世事，多參透世情，會讓人天真得來少點幼稚。

8. 人老了，依然天真，是老可愛來的，改也改不了。

9. 天真的心是不會為邪惡留餘地的。

10. 天真是明知人間疾苦人心難測，仍然相信，仍然盼望，仍然等待。

不行街不安樂的婆婆

羅乃萱

身邊的人都知道,有天我若說「不要行街,我要留在家裏。」準是生病的先兆。因為熟悉我的人都知道,我是個外向的人,每一天一定要行街街,才能合意心安,否則心頭癢癢的,總有種坐立不安的感覺。

孩子的爸,也是乖孫的公公,最懂我這個脾性。即使在疫情期間,每天他都跟我說:「要外出買點什麼嗎?」其實,家中不缺什麼,但他給了我的,是一個「堂而皇之」的「行街藉口」。

行街,有什麼好?可以看看外面的世界,可以跟超市的姊姊、門口的看更聊天,也可觀察周遭世事,留意哪兒的人龍最長,大家在排隊買什麼?瞧瞧這家超市跟那個家貨品價格的分別?又可以上網找資料看看哪家的餃子最好吃,就去那地方買。像最近,我就搜羅到一種材料上乘,味道鮮美的餃子,立刻將之送到女兒家,他們都吃得津津有味。這就是逛街的樂趣。

從沒想到,這種樂趣連養了多年的柴犬 Nikita 也沾染

了。這幾年，牠一聽到我們説「行街街」，就會快跑到門口，等候主人帶領。

我萬沒想到，小小年紀的乖孫也愛上行街。女兒告訴我，他在家不願入睡，但推着嬰兒車逛街的話，不消十分鐘便睡着。到現在一歲多，帶他逛街更是樂趣多多。看着他站在那兒留心盯着那些婆婆跳讚美操，或看他追逐肥皂泡泡奔跑，看他對世界充滿着驚訝好奇，也是在提點我們那早已遺失的童真。

行街，是小孩的渴望，更是我這種充滿好奇心的大人心之所願。兩者湊合一起，每天行街就成了孩子的滿足好奇心的日常，也給大人一個喘息與愉悅的空間。

行街街 何凝

每逢周末到你們家，我一有時間就會一起帶小柴犬 Nikita「行街街」。這應該是讓牠最興奮的一句話吧！每次一說，不管牠在做什麼，都會立刻搖尾巴，笑着抬頭看我們。可是，自從孩子出生，我所有精神都花在孩子身上。當我跟孩子說「行街街」時，柴犬總是充滿希望的看着我，但牠看着我只是抱着孩子出門，流露那失望的眼神，實在令我感到為難。

漸漸的，孩子學會走路了，愈走愈穩，基本上都能出入自如。我們習慣每天都會帶他出去走走，不論是家附近的道路、公園或超市，他都會很興奮。只要我們跟他說：「行街街啦！」他就會一個箭步衝到衣櫃前，選取他想穿的襪子，坐在我們面前，尋求協助穿上襪子。穿好襪子，再跑去把鞋子拿過來，要我們幫他穿上。這些舉動，都是他聽到「行街街」後自然做的，我們都不用提醒他，因為從一開始我們做每一件事都盡量跟他說，讓他知道自己在做什麼。

到街上，他最喜歡指着樹微笑的說：「嗨！」也會看

着我們指着麻雀白鴿，像是在說：「爸爸媽媽，你看到嗎？是雀仔呢！」他也很喜歡在球場看其他小朋友騎腳踏車，打籃球。他可以烈日當空下站在那裏動也不動呢！

這些對成年人來說見怪不怪的事，在小孩心裏卻能讓他笑逐顏開。期待着當孩子再大一點，在公公婆婆家說「行街街」時，孩子和柴犬可以一起去散步的日子吧！

爸爸十是

1. 孩子人生的父親，接觸的第一個男性，無人能代。

2. 孩子路上的扶手，在他跌倒失腳時，幫他一把。

3. 孩子成長的玩伴，帶他遊山玩水，接觸大自然。

4. 孩子知識的老師，教他運算邏輯，明白天文地理。

5. 孩子運動的教練，助他找出潛能，熟練刻苦耐勞。

6. 孩子自信的推手，洞悉他的亮點，加以鼓勵支持。

7. 孩子忠實的諫友，知道他的弱點，隨時隨地提點。

8. 孩子夢想的啟蒙，啟發他去尋夢，放手讓他高飛。

9. 孩子開路的先鋒，為他準備必須，讓他獨自去闖。

10. 孩子靈性的導師，帶他認識主道，為他一生禱告。

購物狂 羅乃萱

從前，見到身邊那些當了婆婆的好友，不住把孫兒的照片給我看，還不時跟我說買了哪些嬰兒用品的狂迷行為，我都會搖頭嘆息，心想：多了一個孫兒，哪用這樣緊張？

怎曉得，自己當了婆婆以後，發覺購物的興致都集中在乖孫身上。

這天，我走過玩具店，一個箭步就跑到嬰兒玩具那邊，看看有何益智玩具可買給乖孫玩？

至於童裝店，更是例必一巡之地。乖孫暑假就已半歲，我要買九個月大的衣服較划算。那冬天服裝，我就趁着到外地出差時，到當地嬰兒童裝部購買，既便宜又實用。

友人見狀，說我這個 P 牌婆婆自孫兒出生後，就成了一個不折不扣的購物狂。哈哈，說的也是。

因為知道女兒忙着湊仔，根本沒時間購物。我就充當代表，看到哪些可愛的，合用的，就拍照傳給她看，再由她決定。

孩子也很識做，就像今天，知道我們從澳洲買了一頭恐龍毛公仔送給乖孫，她就拍了一段短片，着孩子用咿咿啞啞的聲音來「道謝」。看得我心也甜了。

從前聽人家說，公公婆婆總是疼孫兒，有求必應。那時覺得是言過其實。如今我卻覺得極其真確，因為心中常掛念，腦海中常出現的也是乖孫拱手說好的樣子，怎能不買東西逗他開心……

不過女兒也很懂事，每問她要不要這個那個，她總說「不用」。讓我這個購物狂婆婆，沒有用「錢」之地。是否有點「曬命」的感覺！

哈哈，人生至此，女兒女婿都很孝順，乖孫每天傳來笑呵呵的照片，我已心滿意足，喜樂無窮了！

愛的購物 何凝

懷孕期間，爸媽每逢經過母嬰店，都會傳一些照片給我們，看有沒有需要購買的。當時我還不知道照顧初生嬰兒到底是怎樣的，也因着家裏空間小，要慎選買哪些東西，只好一直拒絕他們的好意，想説等孩子出生後再買也來得及吧……

可是，我忘了生孩子後，自己根本沒時間想要買什麼。還好有爸媽，每隔一兩天就來探望並幫忙購買各種嬰兒用品，讓我倆可以安心照顧孩子。坐月期間，有次我跟媽媽通電話，説孩子臉上有一道抓痕，因為嬰兒手套對初生的他還是太大了，他動一動就把小手從手套裏弄出來，根本阻止不了他抓臉。二十分鐘後，門鈴響了。打開家門，看着爸媽拿着一袋衣服，原來他們掛電話後二話不說跑到附近的嬰兒店，問店員可以怎麼樣，就把幾套連着手套的連身服送來我家！當下我心裏充滿感恩，心想：你們真的太愛我們了！只能抱着他們説：「你們真疼我們呢！謝謝你！」

其實，在孩子出生前，媽媽已愛用小禮物表達對我倆

的關心。在我出嫁以後，每趟回娘家吃飯，我倆都是「空手來，滿手走」。媽媽都會送我們一些小禮物，包括老公愛吃的麵包零食，還有我的衣服。有時我會開玩笑說：「媽，我們家的零食多到可以開小賣部了！」

雖然現在她買的小禮物都是給孩子的，但偶爾會有一包小餅乾或冰淇淋給我。每次，我甜絲絲的從她的家裏帶着小禮物回家，深知媽媽無時無刻會想起我，就感受到滿滿的愛了。

好書推介

《日常生活中的無印良品親子收納術：分齡、極簡、好上手！日本收納專家的時尚育兒生活提案》

作者：吉川圭子　　　　　出版社：小熊出版

譯者：卓文怡

推介　我超喜歡這本書！它是喜愛執拾的家長的佳音，更是訓練孩子自幼便有條理，懂得收納的秘笈。

旅行與戒片 羅乃萱

孩子年紀太小,父母是否該帶他們去旅行?他們會懂得欣賞外地風情,還是要父母整天忙着照顧他們,周旋於餵奶換片之間,根本失去了旅行的情趣?

阿女,記得你出世頭幾年,身邊不少友人都勸我們,別帶孩子外出旅行,因為大家都沒法享受。結果你出生的頭兩年,我們哪兒都不去,所有假期都留港陪女,在吃喝換片中度過。

怎曉得你三歲那年,因公因私,我們要出差到加拿大公幹兼旅遊。我們捨不得將你獨自留港,惟有將你帶在身邊。當時最難搞的,是你仍未懂上廁所,但兩個禮拜之後就要起程。怎辦?

情急之下,我唯有撒了個謊,跟你說:凝凝啊,爸爸無錢買「片片」!藉此誘導你「戒掉尿片」。沒想過這招真的有效,當時三歲的你,竟告訴超市的收銀嬸嬸說:「爸爸無錢買片片!」搞得我倆十分尷尬。

於是那年，我們帶着「戒片」的你，勇闖多倫多，過程至今記憶猶新。

還記得到步第一個晚上，就要適應時差。你深夜起來，說要我們帶你去「拍波波」。怎知我把窗簾一拉，告訴你天黑黑要睡覺了，你竟立刻倒頭大睡。時差就是這樣適應了，多爽快！

在多倫多的三個星期，我們跟你去哪兒玩見了誰，我都忘得一乾二淨。不知道你還有否記憶？但那是一個好的開始，讓我們克服帶孩子旅行的恐懼。我更明白到，一家人旅遊重要的不是記得或拍下些什麼，而是「一家人」在一起，到哪兒都是開心滿足的。

還記得往後，你開始寫起旅行扎記，把旅遊見到印象深刻的事物畫在一本畫簿上，還貼上了每一頓飯的收據。這些旅行的「痕迹」，就是咱們一家最美麗的旅遊回憶。

旅行的意義 何凝

從小到大，每趟旅行前的一整個禮拜，即使要上學，我也是帶着笑容的。可是，每趟到了最後一天的行程，我臉上的笑容總會消失，因為回港即是假期又要結束了，我捨不得每天和你們一起玩的時間過去。你們總會說：「不要這麼快不開心，回家也好啊，有乖乖（我家小貓）在等着我們呢！而且，我們還有一整天的行程，要好好珍惜，不要受壞情緒影響。」

大家有沒有發現，每次回憶某些事情，總會牽動心中一些情緒？原來，當記憶帶着情感，會讓心中的印象更深刻。當我安靜下來，回想去過的每趟旅行，第一個想起的，不是到哪裏吃過什麼美食，看到什麼可愛的動物，而是一家人在一起的時光。

記得有一年暑假，咱們一家到新西蘭旅遊，正是那裏的冬天。「奇異鳥」（Kiwi）是當地特有的動物，非常怕光，只會在晚上出來活動。那天晚上，我們特地到動物園，想要看看牠。當有光一照到牠，只見圓圓的身軀，飛快地跑到草叢中。隔天早上起來，天仍黑，

還在睡覺的我被一道強光吵醒，便趕忙用手把眼睛擋起來，說着：「好曬啊！」聽到你倆輕輕的笑，說：「這光不是太陽，是燈！燈又怎會曬呢？女兒，你跟奇異鳥很像，都怕光。」我才把眼睛睜開，發現那是燈光，一家人就哈哈大笑起來，你們還走過來摸摸我的頭。往後的日子，只要一提起「我們家的 Kiwi」這稱號，腦海裏總會浮現出這個畫面。

我曾跟朋友聊到旅遊選地點的問題，有小孩的總想找一個親子都想去地方，真的很難。父母想去的，小孩或許會覺得悶，但小孩想去的，可能都是主題公園或遊樂場，父母也不感興趣。可是，一家人去旅遊，地點不一定是最重要的。相反，是在旅遊的時間，有否爭取時間好好快樂相處，才能留下美好回憶，讓孩子一生難忘呢！

有關「孩子」的十個提醒

1. 孩子是孩子，所以會有孩子氣，會自我中心。

2. 離開自我，關懷別人，至離開父母，是孩子獨立成長的里程碑。父母責無旁貸的就是在過程中，教養督促孩子發揮個人潛能，負上該負的責任，而不是一味保護，讓他逃避。

3. 孩子想自己做主，安全範圍內，就讓他試試。吃過苦頭，他就會從中學會。

4. 每個孩子都不同，教養方式的應用也有異，為人父母要慢慢揣摩。

5. 我們難以避免在孩子面前發脾氣，但千萬別拿孩子出氣。

6. 孩子的可愛可貴之處是他們提醒了我們人性本善與純真的一面。

7. 相信一代比一代精彩，所以為人父母也要靈活變通，切忌一意孤行。

8. 把孩子當朋友，不是不好，要小心他是否承擔得了。更重要的，是留意他除我們以外，還有否別的朋友。

9. 孩子的表現時好時壞，是常態。其實我們又何嘗不是一樣！

10. 無論我們如何擔憂，也不能保證什麼。記住「天父必看顧保守」，更讓我們心安理得。

帳幕

躲在帳幕的日子 羅乃萱

在疫情肆虐,終日被逼關在家中的你們三口,居然近日興起了到郊外搭帳幕的興致。看到從 WhatsApp 傳過來一張接一張的帳幕照,又勾起我連串的童年回憶。

孩子,可知道你老媽我在童年時代最愛的玩意,就是搭帳幕了。那時沒有先進的帳幕,我就用四根竹枝根跟一塊桌布,搭建了一個簡陋的小小布棚。怎知大風一刮,布棚就倒下。我好不容易哀求婆婆(即我的媽媽)買了一個童軍帳幕作為生日禮物,從此它便成了我少年時的至愛之所。

暑假的每一天,我幾乎躲在那兒度日,聽收音機,看書,斑點狗 Ricky 就在身旁伴着。每趟入內,我還會點上一根蠟燭,讓這種獨處的時刻多了點浪漫與詩意。只是好景不常,某天下午,蠟燭被風一吹,倒了下來,帳幕失火了,一切焚燒殆盡。我好難過,更被婆婆大罵一頓。

其實，帳幕是我少年時代的一個避難所。總覺得躲在那兒，我就可以天不應地不聞，好逍遙自在。原來，少年的我是孤獨的，一個人，一頭狗，一本書，就過了一天日子。但自帳幕被焚後，婆婆不再買新的了，算是給我一個教訓與懲罰，我也失去這樣一個小天地。

不知怎的，此刻看見乖孫在帳幕內，你們一家三口笑容滿臉的合照，這段塵封的回憶又洶湧襲來。

畢竟，時代不同了，帳幕代表的意義也不一樣。昔日我藏身的小天地，今天卻是你們一家三口天倫之樂的甜蜜玩意。我深信孩子長大後，想起帳幕，就會念起父母無論多忙，都會帶他到郊外搭營這種無微不至的愛顧。帳幕，就是乖孫的歡樂天地啊！

公園裏的帳幕 何凝

最近受疫情影響，我們唯一較安心帶孩子出去的地方就是公園。「可是公園還是人很多，不怕嗎？」我也曾擔心過。老公卻説：「只要有自己的帳幕，應該還好吧？」也對，只有我們一家在裏面，應該還好。

我到了運動用品店買了一個聲稱非常容易打開的帳幕，心想定是那種一打開「poof」一聲，就能成型的帳幕。隔天剛好天氣晴，我們一家三口興高采烈地跑到公園，準備打開帳幕走進去。沒想到一打開看，原來它要用支架支撐起，並不是想像中那麼快，我們只好慢慢的把支架釘好，再把帳幕掛上去。「你怎麼這麼快就知道要怎樣釘，好像很熟手一樣？」老公問。

對了，怎麼會這樣？我從未試過露營，也未曾擁有過帳幕。忽然我想起，小時候的我，總愛鑽進被窩裏，把棉被蓋住自己，還帶着一支手電筒及書，躲在裏面看書。那時天花還貼上很多夜光的星星，我把頭伸出「帳幕」時，就能看到「滿天星星」的景象，幻想着自己躺在樹下，看着美麗的星空。而那本書，正是

媽媽當時去台灣後買給我的郊外百科圖鑑。書內有精緻的手繪插圖，還有很多戶外求生資訊，包括如何尋找食糧、哪些植物有毒、如何扎營等。熱愛大自然的我，更是書不離手天天看。怪不得當我看着帳幕的配件，我就知道要怎麼做。

媽媽對帳幕的熱愛，即使沒有帶我去過露營，卻透過一本圖鑑傳遞給我。看着家裏一大堆童書，不知道我會傳遞什麼給孩子呢？

親子閱讀十想

1. 讓逛書局 / 圖書館 / 博物館等，成為假日的親子活動。

2. 閱讀氛圍需要培養，但要投其所好，別太勉強。

3. 從孩子感興趣的事物着手，去找一本相關的書。

4. 朗讀故事時，誇張的手勢與表情，更能增加故事的吸引力。

5. 故事不一定要講完，重要的是引發孩子對閱讀的興致。

6. 善用跟五官有關的問題，引發孩子的閱讀興趣。

7. 多用驚嘆字如「咦」、「嘩」、「啊」等引導孩子。

8. 父母可問孩子：「如果你是故事中主角，你會怎樣處理？」

9. 故事的結局不用「跟足」，親子共編會更有趣。

10. 父母都愛上閱讀，孩子多少總受感染。

屬於我倆的
快樂雜憶

母親節，念母親 羅乃萱

這天，我無意中找到一張陳年舊照。該是你一歲生日時，在公公婆婆家開生日會拍下的。照片中的你，一臉期待看着穿紅外套的婆婆跟表姐，公公就安然站在你們後邊。我該是在你們前面，欣然按下快門的那個攝影師。

孩子，每逢看到這張照片，我就會忍不住告訴你：「看！婆婆多疼你！你記得嗎？」其實，一歲的你，又怎會記得這些細節。

但這就是母女情深吧！雖然婆婆離世十多年，我仍會不時在你面前提起她，而每逢母親節更會勾起對她的思念。孩子，你知道我跟婆婆的感情多深厚嗎？她猝然中風離世對我是個極大的打擊，至今仍難捨難離。

許多人都覺得十多年了，什麼感覺都淡化了吧！

不！不！

這陣子母親節臨近，看到電視上母女倆親密的廣告，我就會想起婆婆。就算那天到學校的家長講座分享，我對着一群家長談起婆婆對我的訓誨教養，教我唱《讀書郎》，之後，更當着大家面前唱了起來。只是不知怎的，思念來襲，唱至一半就嗚咽起來，唱不下去……直至會眾拍掌鼓勵，我才能把歌唱完。

但令我感到欣慰的是，婆婆某些性格特質，我都在你身上找到點兒。如像她那般對時裝有一種敏銳，整理文件的細心，對紀律的堅持等等，都有着婆婆的影子。我也常想，如果婆婆在，見到你個性如此像她，又生性懂事，還嫁了一位好老公。她一定老懷安慰，開心到不得了。

至於母親節禮物，婆婆最喜歡的，是我親手編寫給她的一本相簿。相簿內的每一張照片，都是我們跟她的合照。我按着時序編排，一張照片旁邊寫了一段說話。還記得她收到這份特別禮物時，眼眶濕濕的呢！

孩子，說了那麼多有關婆婆的種種，你感受如何？還有那份特意設計的母親節禮物，會否給你帶來很大壓力？

婆婆的真影子 何凝

和外婆只有短短幾年相處的時光，我記得在她的化妝
房裏有很多瓶子，她會叫我把瓶蓋扭開，再關上。光
是那些瓶子，我們就能玩好幾個小時。我也記得她把
糖果放在哪一格抽屜，因她總會在那裏放幾顆，每次
打開都是不同口味呢。

只是，婆婆在我 K2 那年便去世了，我只能從模糊的
記憶中找尋她。當我漸漸長大，從你口述跟她相處的
往事中，讓我認識她更多。

有一次幫你化妝，你一直凝視着我，摸摸我的頭，
說：「沒想到，你對化妝這麼有研究，和外婆一樣，
她看到一定會很高興。」我才知道，外婆對穿着打扮
有要求，每次出門前總會花很長的時間好好打扮。

還有一次，我們一家人到餐廳用餐，結賬時，正當你
準備簽賬，我發現了金額不對。你問我是怎麼知道
的，我回答說：「因為三個人點了三款菜，平均價錢
是五十塊，怎麼可能要付三百塊呢？」你笑了笑，和

爸爸對看一眼，説：「你像外婆一樣『數口精』，什麼事都瞞不過你。」

雖然你在我身上看到外婆的某些特質，可是，在你身上我才看到她的真影子。有幾次走進餐廳，看見你和老闆聊得興高采烈，我以為你倆相識多年，忍不住問你：「媽，你認識他們的？怎麼沒聽你提起？」你的回應卻教我驚訝萬分：「不！我們剛認識的，只是我跟她臭味相投，聊起來很快就熟絡了。」後來聽你説，原來外婆也是很會和別人打開話匣子，不管到哪裏都有相熟的朋友。

看着你，我就知道外婆一定是一位你很敬佩的人，因為她的優良特質都在你身上顯現了。但願她昔日的潛移默化，能透過你的身教，在我的生命中繼續傳承。

今年母親節，我嘗試學習婆婆式的思維，準備了一份實用又美觀的禮物給你。你能猜到是什麼嗎？

教導孩子
為人處事十式

1 早晚見到人，會叫早安晚安，而非視而不見。

2 面對長輩老師，懂得稱呼，而不是「喂」聲了事。

3 面對別人讚賞，懂得感謝，並不會因而傲慢自大。

4 接受了別人的幫忙，懂得感激，而不視為理所當然。

5 面對強權惡勢不亢不卑，依理直說，而不是退縮畏懼，低聲下氣。

6 見到老弱人士，懂得讓座扶持，而不是繼續低頭打機，視若無睹。

7 面對友儕的誘惑，懂得篤定拒絕，而不是人云亦云，隨波逐流。

8 辦起事來，有頭有尾，答應過別人的事情必會完成。

9 對待別人，懂得欣賞比自己優勝的，扶持比自己軟弱的。

10 內心有一把尺，神的話就是他生活的準繩。

乖乖，
你在天上好嗎？ 羅乃萱

孩子，還記得那年，從毫無先兆跟預知的情況下，公公就把大白貓乖乖送到咱們家，讓我來個措手不及。

我是喜歡動物的，但結婚生子之後，總覺得麻煩，不敢也不想養。怎知在公公眼中，他最關心的是你。因着怕你獨個兒孤單寂寞，他就央求朋友送來這頭大白貓，取名「乖乖」，渴望牠能乖巧地陪伴着你成長。

這些年來，直至牠猝病離世，乖乖都絲毫沒有辜負我們的期望。

牠的乖，在於牠總是繞在我們身邊，不離不棄。

牠的巧，在於牠懂得跟誰要自己想要的。好像日常生活的照顧，牠就喵問菲傭姊姊；好像玩耍，牠就喵你；好想要零食，牠就喵喵喵問爸爸；好像要扭抱親熱，牠就來找我。

有趣的是，我們雖然養的是一頭貓，但牠的個性像

狗。牠總愛跟人，更會喵叫，你跟牠講一句話，牠就會喵一句回應。家中客人看見，總是嘖嘖稱奇。我們也樂得讓牠成為家中的友誼大使，你的同學們，不就是常常想來我們家探乖乖的嗎？

不過，最讓我感動的，卻是牠臨終的最後兩個星期。

那年，剛動過大手術的我，回到家中需要靜養。乖乖總是陪伴左右，我跑到哪兒，牠就跟到那兒。在那兩個月休養的歲月，牠是我最佳的陪伴與安慰。萬沒料到，當我的身體逐漸好轉，牠卻突然嘔吐大作。我趕緊將牠送進動物醫院，醫生說牠是「腎衰竭」，無藥可救，要我們有心理準備。

那個晚上，我們一家思量甚久，終於讓牠安息離去。失去乖乖的愴痛，比我想像的深及久。原來我們養了牠十七年，牠早已成為我們生活的一部分，也是家中一員。看着牠坐過的沙發位置，見到牠的飯盆，我都會忍不住思念，潸然淚流。

乖乖，你在天上好嗎？我們都掛念你！

兒時的玩伴 何凝

有一天放學，我看到公公的車停在我家樓下，因他知道我一直都想養一隻寵物，就把一隻小白貓送給我，說道：「你要好好照顧牠喔。」第一次接觸小貓，看着牠躲在桌下，我也不敢走近。牠本來的名字是「頑皮仔」，可是我們認為愈是這樣稱呼牠，牠只會愈頑皮，所以給牠改名叫「乖乖」。

我開始閱讀跟養貓有關的書籍，學習牠的習性，牠為什麼會吐毛球等。漸漸地，我和乖乖的感情變得愈來愈好，每天放學回家，我都急不及待要和牠玩，牠也會坐在桌上陪我寫功課，我還會跟牠說秘密呢。長大後我去國外念書，每次放假回家牠總會站在門口盯着我，大聲喵喵叫，好像在問：「你怎麼可以離開我這麼久！」當我們拿出行李箱，牠就知道我們會離開牠，就會坐在一旁，面露不悅。當同學來我家時，即使是很怕貓的都會被牠的好客融化，跟牠熟絡起來……從小學到大學畢業，到開始工作，都有乖乖在我身旁，我從沒想過失去牠的日子會如何。

在牠十七歲那年，因為生病住院。一星期後，我在開會時收到醫院打來，說牠快不行了，要盡快去寵物醫院。我管不了工作，立刻衝到老闆面前哭着說我要請假。當我們逐一跟牠道別沒多久，乖乖就吞下最後一口氣，離開了。當天走出醫院，我的眼淚也流乾了。那是我第一次經歷與寵物分離的痛苦。

和你們一樣，看到乖乖的玩具、水盤，聽不到牠喵喵叫，眼淚總會偷偷落下。回想十七年多，牠不但是好玩伴，也是陪伴我這獨生女成長的「弟弟」，沒有其他貓可以代替牠。

乖乖，謝謝你這十多年陪伴我成長，我們都很想念你。

好書推介

《我要做乖乖》

作者：何凝　　　　　　　出版社：愉快學習出版

繪者：羅美心　　　　　　　　　　有限公司

推介　　很多幼兒的孩子，可能因着壓力或害怕與爸媽分離而產生焦慮，每天上學都不情不願，讓爸媽十分苦惱。故事中的媽媽，鼓勵孩子上學的方法很「特別」，讓家長們能突破思考的框框，找到另一條不一樣的出路。

說「不」

說「不」的自由 羅乃萱

孩子，還記得你在兩至三歲的時候，最愛跟媽媽說的一個字，就是「No」。那些年，我看着你從一個乖巧的孩子，變得難依從，也難以管教。後來我才知道，那個年齡叫「Terrible Two」。就是你開始意識到自己是一個獨立的個體，也是學習表達情緒需要的關卡。

還記得有一趟，我跟爸爸帶你去吃自助餐，不知是何緣故，你就是賴在地上不走，大哭大鬧。我一時情急，拉着你的雙手想把你拉起來。怎知這樣一扯，你的手就受傷了。帶你去醫院看急症時，我難過得要命！心想：我會否扯傷了你的手腕？後來經醫生檢查過後知道沒事，我才安下心來。

那一刻，給我一個沉痛的教訓，就是面對情緒失控的你，為人父母的先要鎮定，千萬別以脾氣對脾氣，甚或「硬來」。

其實說穿了，有時候我想你吃這個，你說「No」不吃，又有什麼關係呢？說不定過後待你忘記時，可以

把你愛吃的玉米跟你不愛吃的青豆混在一塊，你吃下去也不知道呢！

當然，有些事情是一定要說「No」的，就是碰電掣、紅燈過馬路、玩火之類的危險玩意，我們一定開聲阻止，絕不能掉以輕心。

不過有趣的是，當你愈長大，我們要引導你的，是說「不」的自由。也就是說，你「不用隨眾」，不用人家說什麼你就做什麼，要有自己獨特的判斷與想法；否則，你就會變成一個沒有原則的「濫好人」。

現在看見成長的你，說「No」的智慧與洞見，卻是青出於藍呢！

說「不」的智慧 何凝

看着朋友的孩子慢慢成長，總覺得他們好可愛，朋友卻說：「你被騙了，他平常不是這麼可愛的，今天早上我才跟他搏鬥呢。」原來，當孩子踏入兩歲，就會變得很有主見，不像一歲時什麼都聽爸媽的，這就是你說的「Terrible Two」吧？沒想到那麼乖的我，小時候也曾經歷這個階段！

當我們進入了學校的群體，面對群眾壓力，說「不」的能力就會慢慢減弱，畢竟要融入一個群體，總不能常常說「不」。可是，對任何事情都無所謂，隨波逐流，也不一定是最好的處事方式。小學時代，我屬於比較無所謂的一群，只要大部分人贊成，我也不會投反對票的，畢竟小時候要決定的都是小事，比如説學校旅行帶什麼食物，誰和誰要當班長。

到了大學階段，獨自出國留學，要面對的決定就不一樣了，因着信仰及成長的環境，我有很多價值觀和現今社會的不一樣。可是當人人都在做同樣的事情，如拍拖後就會同居，或每個周末就是要 party 喝酒，不

然就不是享受大學生活的想法，若當時的我沒有說「不」，現在的我想必被環境同化了。

可是，當我回流香港進入職場，便聽到很多人分享在職場上說「不」的難處。大家因着生活，不得不每天做自己不喜歡的工作；因着金錢，不得不暫時放下夢想，跟着社會的步伐；明明不認同上司的做法，卻只能盲目跟從。身處職場，很多時侯我也感同身受，發現自己說「不」的勇氣漸漸消失了。

除了工作，人與人之間的關係也會因着「不」而受影響。說「不」也要有智慧，我們要顧及聽者的感受，找合適的時候和環境說「不」。到現在，我還在拿捏說「不」的時機呢！

親子十訣

十句必須告訴孩子的話

1. 不要什麼事都找父母幫忙，自己要先想想辦法。

2. 勤勞不一定等到相應報酬，但慵懶肯定帶來難以估計的損失。

3. 不懂得約束規律自己，人就會放肆。

4. 培養閱讀沉思的習慣，會讓人活得更有涵養深度。

5. 朋友可以交，但一定要分辨出是益是損。

6. 做人一定要有夢想，但更重要的是堅持。

7. 人生不如心意的事情常有，但我們要學懂怎樣樂觀面對。

8. 別以為獨立就是單靠自己，謙卑討教讓「我們同行」。

9. 別以為謊言說說沒關係，那是自欺的開始。

10. 一生行走主道，到老也不偏離。

上台、同台 羅乃萱

孩子，今天因着你的童書發佈會，我們同台演講了。
那種感覺，很窩心，也很特別。

沒想到發佈會後的第二天，我就在你的幼稚園母校台
上，主持了一場家長講座。不知怎的，一踏進那個熟
悉的禮堂，埋藏已久的回憶，那屬於你的天真歲月，
都如泉湧般衝進我的腦海。

還記得那年，你想當聖境劇的主角（就是馬利亞），
怎曉得最後被選上當羊咩（就是牧羊人看守的其中一
隻羊），好生失望。我還安慰你：「馬利亞全程站在
台上動也不動，羊咩卻可隨處走動擺甫士讓媽媽拍
照。」

還記得 K3 的畢業典禮，你被選上當畢業班代表之一。
怎知典禮前幾天水痘病發，當天痘痘正好消退，你才
如願以償上台代表畢業班同學拿證書，讓在台下的公
公邊看邊滿足地微笑。這畫面也成了老來喪妻的他的
最大安慰。

上台，是每個小孩的渴望。你當然也不例外。現在屈指算算，你在幼稚園上台的經驗還真不少。但至小學競爭激烈，通常這機會都輪不到你。我接納你（你是個較內向的孩子），也不會強求。

長大成人的你，卻是如此落落大方，大着膽子上台跟人分享。這是我始料不及的。

我倒想問你，是什麼原因讓你變得如此淡定自信？是什麼動力驅使你願意上台跟我一起分享？

孩子，坦白說，今天的同台，讓我深深感受母女之間的合拍。無論是你我分享童年的生活點滴，或是接着你一言我一語的繪本演繹，我們都很有默契，絕無冷場。

還記得你形容媽媽的四個字，就是：「估你唔到」。現在，我也可以用這四個字來形容你。孩子，真係估你唔到你會變得如此自信自在，I am so proud of you!

上台？我嗎？　何凝

幼稚園時期，上課舉手答問題，爭取台上表演機會，是每個小孩心中的願望。小時侯的我，雖然見到陌生人總會躲在你和爸爸身後，不敢打招呼，可是心底總希望有一天，老師會選上我當話劇的女主角。可惜，在短短三年的幼稚園，我只有機會當小配角，一隻羊或一顆星星，可是你們總會拿着相機拍照，讓我覺得自己已經是主角了，對每次演出充滿期待。

到了小學，除了爭取上台的競爭激烈，我也會因在意同學的目光，不想被視為討好老師的那個而逃避，慢慢，班上不再出現叫老師「喊我名選我」的情況。因着這種文化，我漸漸變得較內向，也沒想過自己會再有上台的機會。那時我總會跟着你到不同地方，看着你眉飛色舞的演講，心裏曾想自己能否有一天和你在台上一起分享。

一直到大學，出國留學，因想了解當地文化及建立群體，內向的我必需鼓起勇氣，大膽和陌生人聊天，加上功課大多是做 presentation，令我漸漸建立了公開

演講的信心。出國留學的第四年，我還被選為學校大使，帶領新生及家長參觀校園，要向陌生人用英文娓娓道來介紹學校的歷史及設施。

可是，畢業回港當工程師後，我極少機會演講。在一次機緣巧合下，我於午餐聚會分享，重新打開演說的門，看着參加者專注的眼神，給予我很大的滿足感。記得有一次，一位參加者在分享後跟我說：「謝謝你的分享，你給予我很大鼓勵。」讓我深深感動。

到去年，我倆合作的機會來了。第一次跟你合作談夢想，我心底裏總會有點壓力，畢竟這次我不再坐在台下，而是和你成為拍檔。幸好有你、爸爸及老公的支持，給我信心，令我放鬆緊張的心情。

幾年前，若你邀請我與你上台，我的回應是：「上台？我嗎？」現在我會：「與你同台？ Of course！」

孩子的夢想

1. 孩子的夢想，多是跟他喜歡與有能力做的事情有關。

2. 孩子的夢想是孩子的，並非父母夢想的延伸或實踐。如我們沒能力機會做的事，想孩子來完滿。但若非孩子渴想，退出是早晚的事。

3. 孩子的夢想可以多元，但總要身懷一把具個人才華特長的利刀。即使是這年頭說的「斜槓青年」，多重職業多重身分多重收入也好，都需要找到個人才華的特性，才能安身立命。

4. 孩子的夢想多變，所以「不穩定」是常態。他們會一時一樣，父母可從中幫他分析夢想與他的能力、熱愛，還有社會的需求，個人信念價值的關係，慢慢可以梳理出一些脈絡。

5. 父母掛在嘴邊的「去試試看」、鼓勵孩子多看、多聽、多探索外面的世界，比每天跟他說「好好讀書」有效多了。

6. 父母對人生的熱愛探索，是鼓勵孩子追尋夢想的無形動力。若我們的人生如一片死灰，每天就跟他講要「努力讀書」、「好好尋夢」，他卻看到咱們如一池死水，何來動力呢！

7. 若孩子說「沒有夢想」，可能是他還沒找到。別心急！他有的是青春與時間。

8. 孩子的夢想怎樣實踐，是他們的責任。父母可以提供某些有利條件，但最好不要全權安排，讓孩子也要學習承擔，並了解箇中的辛酸。

9. 讓孩子在追求夢想的過程中遭遇嘲笑，吃吃苦頭，是好的。否則沒有父母在的日子，他怎能撐得住風霜？

10. 我始終相信，心中懷有夢想熱情的人，是不會輕易被打倒的。為孩子禱告吧！因為他們未來的路，是在主手中！

憶起小時候 羅乃萱

自乖孫出世後，女婿最愛問的問題就是：「我的老婆小時候，會否像乖孫這樣，要人抱着才入睡？」「我的老婆小時候，會否吃乖孫愛吃的紅蘿蔔？」

他問得很自然，我卻總是抓破頭皮才能回應。因為那已是幾十年前的往事，很多記憶都已模糊，不說別的，就連抱孩子的手勢我也得重新學習。

雖然如此，但孩子小時候的「乖」，我卻一一記得。

好像她不用三催四逼，就可以在一個星期之內戒了「尿片」。

好像她聽話愛用頭伏在我肩膀，減輕了不少抱她的負擔（因為頭壓在肩上，孩子壓在我雙臂的重量是減少了）。

好像她很少發脾氣跟扭計，總是很懂事聽話……等等，我都會如數家珍般跟女婿分享。

人生就是這樣奇妙，當我們老了，以為什麼都遺忘了，乖孫的出現，就讓我們回想過去帶孩子的美好時光。

還記得乖孫沒出生時，我跟孩子談到她的童年，她總會說：「媽媽，這個故事你講了很多遍啦！」我便立刻閉嘴，不敢多說。

現在，時勢轉換了。每當我在乖孫面前提起他媽媽的往事，無論是好事或是糗事，孩子都沒多加阻止。就像那天，我提到他媽媽剛學懂翻身，就翻過不停，直至有趟我只是離開她幾秒去找棉花球清潔，她就一骨碌滾到牀下的地板上。還好有「拖鞋」墊着，否則肯定會摔傷頭部。

怎知孩子一聽，就跟乖孫說：「是啊，所以你千萬別翻跌在地，會嚇媽媽一大跳呢！」

所以最近，因為回想起許多「小時候」的往事，我竟感覺記憶力大增呢！

隔代遺傳？ 何凝

別人説孩子第一年成長特別快,從不會轉身,到學會走路,全都發生在十二個月裏。因此,孩子的每一個里程碑,我都會立刻拿出手機,拍攝整個過程。由於我對一歲之前沒什麼記憶,我也很想知道那時的我是怎樣的,就會問爸媽的回憶。

記得孩子剛學會轉身,除了急不及待拿出手機外,我問説:「我是多大學會轉身的?跟他差不多嗎?」當看着孩子拉着圍籬,努力想要站起來但還不夠力氣的模樣,我便問説:「不知道我是不是跟他一樣,很想學站學走呢?」可是,畢竟是幾十年前的事,要媽媽記得是有點難度。

過了幾個月,除了成長的里程碑,他開始展現個人想法。他對所有事物充滿好奇,總愛拿起來仔細觀察;又會拿着玩具到處跑,怎叫都停不下來;很愛吃粟米,見到就會嚷着要吃。這些個性喜好,都讓我很想知道是從哪裏「遺傳」的。

從他「咿咿啞啞」牙牙學語開始，每次到餐廳，他總愛跟侍應及坐隔壁的食客打招呼。他會一邊「啊，啊！」叫，一邊把手舉起來，好像在説：「嗨，你好！我們一起玩，好嗎？」總會逗得所有人微笑跟他打招呼，或者會走過來聊天。

這讓我想起小時候，我看着媽媽，每進一家餐廳，侍應經理定會過來聊天，讓我覺得很困惑：我們明明沒有常來這餐廳，為什麼大家都會認得她？原來，她都熱愛跟別人聊天，聽他們分享，久而久之，大家就變成朋友了。

從前的我較內向，孩子應是隔代遺傳了婆婆的「外交」性格吧。相信不久的將來，每次走進餐廳，侍應又會走過來跟孩子聊天了。

好書推介

《覺知教養：看見自己和孩子的內在需求，療癒每個迷失在育兒焦慮的父母》

作者：王樹　　　　　　　　出版社：野人文化

推介　這是一本特別關注孩子心理與精神需求的書，以許多實例引導父母怎樣察覺與滿足孩子的心靈需要。

係咪呀 羅乃萱

我一直覺得孩子的脾性、臉型,甚至氣質都像她爸,多過像我。這也是我常在旁人嘴巴中聽到的:「你的女兒真像她爸爸啊!」是的,他們從裏到外都像。只有性別像我,都是女人。哈哈!這是我很阿Q的回應。

萬沒想到,自乖孫出世後,情況開始逆轉。

像這天,我聽到女兒跟乖孫聊天:「這些番薯是否很好吃? BB 真的很愛吃番薯啊!係咪呀?」

好一句「係咪呀」,無論語氣,腔調,都跟我極像。坦白說,這三個字原來就是我的「口頭禪」。

記得孩子小時候,我會跟她說:「媽媽好愛你啊,係咪呀?」

「凝凝最愛吃矮瓜(即茄子)的了,係咪呀?」

「不要再發脾氣啦，因為這樣會很嘥氣的，係咪呀？」

原來，「係咪呀」這三個字，我用得很多。通常是用來加強語氣或肯定說法，又或者帶點嗲聲嗲氣向孩子撒嬌。

但今天，聽到女兒不停跟乖孫講「係咪呀」，竟暖在心頭。

哈哈！女兒終於有一個被我影響的明證，就是昔日跟她聊天的口頭禪，她竟會用在跟兒子溝通上。

原來，母親對孩子最大的影響，就是這種「母語」教育與薰陶。我們別小看跟孩子溝通時說的話，以為他會「左耳入右耳出」，其實不然。孩子會聽在耳裏，藏在心中，有一天初為人母時，就會使出從母親身上學到的「板斧」。

所以這天，我特意跟孩子說：「女兒，聽到你跟乖孫用『係咪呀』三個字溝通，那就是你幼年時我常說的啊！係咪呀？」

跟住呢 何凝

從孩子起牀，到吃奶換片等時刻，我都會不自覺地説「係咪呀」。

「你是個乖孩子，係咪呀？」「你肚子餓了，係咪呀？」

原來我常説的「係咪呀」，是媽媽「傳染」給我的。

提到「係咪呀」，讓我想起另一個口頭禪，也是媽媽一直想我改掉的，那就是「跟住呢」。本身「跟住呢」用得恰當，是沒問題的，但我的用量實在太多，讓聽者要把所有「跟住呢」刪除，才能聽到重點。

「今日我同 A 同學跟住呢去操場，跟住呢就玩捉迷藏，跟住呢……」放學後，我跟她的對話，不到十個字就會開始用「跟住呢」。一開始我並沒留意，直到有一天媽媽在我講話的時候用手指數數字，我就問她：「媽媽，你在數什麼？我在講學校的事呢！」

她回道：「我在聽啊，只是在數你用了多少個『跟住呢』。你也可以一起數，看看會不會太多？」

那一刻起，我開始留意自己說話，發現自己真的用了太多「跟住呢」，而且大部分都是在我整理思緒時說出來的。每當她舉起手指，我就會注意用詞，漸漸把這個習慣改掉。

由於媽媽曾在不同場合分享過這事，「你不會介意媽媽這樣做嗎？」有人問過。我怎會介意呢？第一，她不會在別人面前數手指；再者，她用遊戲的方法讓我改變，一定比直接告訴我：「你太常說『跟住呢』了，要改！」來得有效。

不知道我傳染給孩子的口頭禪會是什麼？

跟孩子聊聊的
十個話題

1. 你夢想去的地方是哪兒？有什麼吸引的地方？

2. 你心中的英雄人物是誰？他有何特別？

3. 你會用什麼顏色形容你的家庭？為什麼？

4. 過去半年，你在學校有發生過什麼難忘的事情？

5. 你碰過最好的人是誰？他對你怎樣好法？

6. 試試評價身邊的好朋友，逐一說說他們的優缺點？

7. 請用家中一件物件形容自己，你會選什麼？

8. 請用三個詞來形容家中的每一個成員。

9. 好朋友該具備什麼條件？

10. 你最想為誰禱告？

婆婆乃便秘良藥 羅乃萱

當了婆婆，真是件開心事。現在，我會把乖孫的照片設定成了手機的背景，另夾一張初生照在電話套內，差不多逢人見面都會有意無意提及：「我當『婆婆』了。」連出外主持講座，不論人家怎樣介紹，我都會多加一句「現在我多了一個身分，就是婆婆」。

可見，我對這個新的身分的喜悅。更高興的是，從此以後，我又可以從幼兒教育學起，學習新的概念，也順道溫故知新。女兒說：「乖孫一定給你很多靈感，是嗎？」當然，而且新鮮熱辣。

就像最近，乖孫間中會有便秘，看他鼓着腮用力去「拉」的樣子，煞是可愛！正當女兒跟女婿束手無策的時候，將乖孫抱到我家，一上我的手，懷抱他的當下，就聽到他屁股傳來「霹靂拍拉」的聲音。

「他 poo poo 了！他終於 poo 得出啦！」

果然是真的，我打開尿片檢查，金黃一片，極為壯觀。

「婆婆，趕快練習幫乖孫擦屁股。」遵命。還好現代母嬰用品十分齊全，不消幾分鐘，我已把乖孫的屁股擦得一乾二淨。

怎知，剛包好尿布，我又聽到「霹靂拍拉」聲。

「怎麼，又來一次，怎可以這樣快？」

「媽媽，你終於明白我們這陣子徹夜幫他餵奶換片的辛勞。」女兒語帶幽默地說。

孩子，我不是不明白，畢竟我也曾經歷過。但已是好久以前的事，我沒有一點記憶了。但能幫你鬆一鬆，服侍乖孫妥妥貼貼的，仍是我十分樂意做的事。

試過幾趟，都是孫兒便秘時，一見婆婆就「解決」。女兒愛開玩笑說：「婆婆就是便秘良藥。」怎說都好，我都樂意接受。

孩子，在很想幫忙與袖手旁觀之間，我總是在徘徊。我問自己，插手還是不插手。如今只是一個區區名號，就能解決孩子的便秘，我又何樂而不為呢！

婆婆的角色 何凝

「照顧孩子是爸媽的責任，公公婆婆就是要來跟他玩的啊！」的確，每趟公公婆婆來到我家，孩子會對着他們笑，搖着手中的玩具吸引他們來玩。還好孩子滿好照顧，所以他們安心跟他玩就對了。

可是最近，孩子出現輕微便秘的情況，我看着他努力「拉」的樣子，連臉頰都通紅了，可是還是拉不出，真想幫幫他。可是，我們可以怎麼幫他呢？我立刻上網查查看，嬰兒為什麼會便秘？嬰兒便秘時，父母可以怎樣做？原來，嬰兒便秘的原因有很多種，換奶粉、開始加固（開始吃固體食物）、身體水分不足等。解決方法也有很多，幫他輕輕按摩、多喝水，但這些我們都做了，他還是拉不出來……

那天，公公婆婆一來，他依舊是興奮得好像看到兩個「大玩具」一樣，又笑又叫的。這次當婆婆抱起他，坐在她的大腿上，他的樣子突然認真起來，接着就聽到「霹靂拍拉」的聲音，他拉出來了！我抱着孩子進房間換片，換完後把他放回婆婆的懷中，又傳來「霹

霹拍拉」的聲音！他拉完後那放鬆的表情，讓我忍不住說：「婆婆，沒想到你除了當他的大玩具，還可以醫便秘呢！」

接下來幾天，同樣的事情又發生，看着婆婆那又為難又欣慰的表情，讓我知道她雖然對「醫治便秘」一事沒什麼好感，但孫兒的腸胃能因她得以舒暢，她也只好接受自己這「功能」。

公公婆婆，除了跟孩子玩以外，其實還有很多「功能」的。就讓我們繼續發掘吧！

好書推介

《便便！》

作者：佐藤伸　　　　　繪者：西村敏雄

譯者：賴秉薇　　　　　出版社：小魯文化

推介　「便便」好像很不受歡迎，很討人厭，但最終「便便」也找到怎樣當「好便便」的生存方式，更可成為對孩子正向教育的啟蒙。

嫉妒的 Nikita 羅乃萱

乖孫未出生之前，家中的柴犬 Nikita 是我們的寶貝。特別在女兒出嫁以後，牠就成了我們家的寵兒。

早上起牀，我會輕輕叫：Nikita 早晨！晚上我會偶而帶她上街大小便，每趟牠都高興得蹦蹦跳。牠簡直是家中的小公主！

但自從乖孫駕到，整幅圖畫就改變了。加上最近女兒家中裝修，搬到我家暫住，Nikita 更被冷落。

不說別的，先說回家打招呼吧。現在的我，已改口喊乖孫的名字，Nikita 也鮮有出來迎接。晚上，我一有空就會逗乖孫玩，有時甚至忘了找尋 Nikita 的影子。

身邊的朋友知道，總會問：Nikita 會吃醋嗎？

當然會。每逢我抱着乖孫坐在沙發上玩，牠就會跳上來。每逢我餵乖孫吃東西，牠就會拍拍我的手，想「食埋一份」。有好幾次，牠想聞聞乖孫的腳，我們

207

都把牠推開。

愛護動物的友人極為反對，總覺得這樣對 Nikita 很不公平。她還勸我：「一定要讓狗狗跟乖孫做朋友，將來牠就是他的保鑣。」

明白。於是我跟女兒費盡心思，拉攏他倆的關係。其實，我們可以做的事很多，如乖孫吃飯的時候，留一兩口飯給 Nikita，等牠覺得乖孫原來也是牠的「米飯班主」。更難得的是乖孫一點都不怕狗狗，即使 Nikita 對着他吠，他仍氣定神閒坐着，很有一種處變不驚的風範。

逐漸，人跟狗相處融洽。有好幾次，我是一手扶着乖孫，一手摸着 Nikita，絕對不能顧此失彼。

隨着日子一天天地過去，我發覺他倆已成為好友似的。乖孫很愛看 Nikita 哀求我給牠零食的樣子，看着牠按指令跳、坐、握手，他已笑不攏嘴。

不過，最令我感動的一幕，是出現在某個晚上。當我們拉着手在禱告，輪到女兒領禱的那刻，Nikita 突然用力抓女兒的手，並不斷哀鳴。大家都奇怪，什麼事

情發生呢？原來是乖孫在房間醒了，哭泣起來。由於哭聲微弱，只有耳朵靈敏的 Nikita 聽到，牠便叫女兒去看看。

見到 Nikita 這樣憐惜乖孫，化嫉妒為關愛的表現，我的心也被牠融化了。人間有情，動物更是有情啊！

米飯班主 何凝

我時常在網上看到毛孩對主人初生嬰兒的反應，大多都是興奮的搖搖尾巴，走到嬰兒旁守護着。當我第一次帶孩子回娘家，也期待着 Nikita 會有相同的反應。

畢竟 Nikita 不是住在我家，牠的反應一開始是好奇，但也許孩子還小，牠以為我帶了另一隻寵物回來跟牠搶地盤，就開始吃醋大叫。由於牠一直想撲到孩子身上，我只好把 Nikita 拉到遠遠的，不讓牠靠近，避免意外發生。

我們多來幾次後，牠比之前放下了敵意，也沒那麼吃醋，也許是知道孩子不是另一隻寵物。加上孩子加固後，每次吃飯都有些食物不小心掉到椅子下，還來不及清理就被 Nikita 吃了。漸漸的，牠跟孩子坐得愈來愈近，最後還會坐在他的高椅下等他吃飯。他在玩的時候，Nikita 就會走到旁邊讓他摸摸，還有幾次把牠最愛的玩具放到孩子面前！

最讓我驚訝的是有一次，孩子睡着後我們在客廳分享

禱告，Nikita 突然撲上來吠叫，嚇得我站起來，就走到孩子睡覺的房間。正當我們要把牠拉住怕吵醒孩子時，便聽到房間內微微的哭聲，原來他醒來了，而且是耳朵靈敏的 Nikita 先發現的。牠知道孩子哭表示要找媽媽，牠就代替他跑來找我。那一刻，我心裏充滿感動！毛孩果然會默默守護着小主人。

從好奇、吃醋、靠近到友好，我彷彿見證了「姐姐」接受家庭新成員到來的情緒，難道這就是兄弟姊妹間的感情？

好書推介

《親親寶貝》

作者：洛莉‧海斯金斯 　　繪者：辛妮‧漢森

譯者：蔡季佐 　　　　　　出版社：閣林文創

推介　　這是《誰最可愛》的延續本，讓孩子明白，
無論在任何情況，我們都愛他，都接納他，視他為
寶貝。

與乖孫暫住

乖孫回家了⋯⋯⋯ 羅乃萱

「你的女兒住哪裏？」朋友問。我苦笑說：「跟我們一家同住，三個房間，住了共六個人連菲傭！」

因為她的新家在裝修，原本租住的房間又要搬出，臨急臨忙之際，最便宜快捷的方法，就是暫住我家。當時一聽到這個意念，我腦海中閃出的想法是：不可能！但嘴巴卻持相反意見的說：「人家劏房也是這樣住，我們大可試試！」

怎知大舉搬進來後，女兒從前的房間真的剛好只放得下一張雙人沙發牀跟嬰兒牀，然後大廳就成了他們一家三口的衣物集散地，還有乖孫的玩樂天堂。這還不只，由於要配合乖孫的「禁止早期接觸電視」政策，我回家開電視的習慣停了，吃飯看手機的壞習慣改了（因為免得乖孫「有樣學樣」）。開始時，我感覺很不習慣，但四個多月下來，卻覺得是好事。特別在這個壞消息天天有的年代，少看一點電視，對大家身心靈都有益處。

但我們同住的這四個月，開心的事情卻多籮籮。每天大清早起來，我就見到乖孫在大廳玩，以甜甜的微笑跟我打招呼。黃昏下班回家，我又見到他等我們吃晚餐。一家五口的晚飯，菜式當然比一家兩口多樣化，更不會因為剩菜而浪費食物。

但由於我是一個「執拾控」，面對家居四個多月的凌亂，想動手收拾又不知從何收起，每趟我都跟自己說：「待他們搬回自己的家，一切就可重回正軌！」有時，我也會禁不住跟女兒說：「好亂啊！你們的家快點裝修好，大家就能有多點空間！」女兒的回應卻是：「媽，等我們一家走了，你們又會掛念乖孫的！」

真的嗎？我們住得很近，想念的話可以隨時登門拜訪就是。

終於，女兒的家裝修完工。只消幾天的功夫，他們就把新家打理得乾淨整齊。外子說：「他們搬走了以後，我們就可以來個大執屋了！」

是的，我這個「執屋狂」就在幾天之內，把房子歸回原貌。每一個房間都執拾得乾淨整潔後，這個晚上，我坐在那空洞的大廳沙發上，突然掛念起乖孫來。是

的，早上見不到他的笑臉，晚上吃飯聽不到他要吃飯的喊叫聲，我竟有種說不出的落寞。

乖孫搬回家不到兩天，我已在 WhatsApp 問女兒：「我們幾時可見乖孫啊？」

「要配合他的時間，到時再看看吧！」

好！為了見乖孫一面，我們願意配合，沒問題的。原來，女兒說的話真的應驗。乖孫走了，家清靜了，但我會掛念他的。

最愛收拾的婆婆 何凝

說到收拾東西，家裏最強的一定是我媽。她不喜歡雜物堆積如山，對於要扔掉的東西也能很灑脫的斷捨離。她能花好幾個小時把書籍、日用品、衣物、包包等分類放好。當她開始收拾，整個人彷彿走進了另一個時空，要找她就要等一等。

她總沒想到，會生了我這個「環保控」。從小我總把東西用到不能不扔的那一刻，才會扔掉。「這張紙兩面都寫了字，可以扔掉了吧？」她問。「不行啊！還可以用來練習摺紙呢！」愛摺紙的我回答。她便會眉頭皺一皺，搖着頭把紙從垃圾桶的邊緣放回桌上。

那時，因設計裝修上耽誤了時間，加上我們發現租住的地方有老鼠出現，迫不得已之下，我們唯有到娘家暫住。說「迫不得已」，是因為爸爸媽媽曾覺得這是不可能的事：「怎麼可以一齊住啊，我們也想要自己的空間啊。」可是，為了我們一家，特別是孫兒的健康，他們當然一口答應了我們的需求。

我們剛搬進去時，他們早已為我們騰出空間，讓我們放東西。沒想到，那些櫃的容量很大，足夠放我們仨的日用品。可是，孩子雖然還不會走，但已經在學爬行了。客廳原本的空間，就擺放了孩子的軟墊及圍籬。加上學行車及零散的玩具，讓客廳變得更擠迫。

「希望你們新家可以快點裝修好，就可以讓大家都有空間了。」婆婆說。為了讓她能繼續享受三代擠在一起的時間，我回說：「你身邊一定有很多 P 牌婆婆很羨慕你能和我們一起住呢！我們搬走後，你一定會很想念我們的！誰能一大早就看到孫兒對着你笑要你陪他玩，下班後一家人一起吃晚餐？」沒想到，四個月很快過去，新居裝修好，我們就搬走了。

當我們搬到新家時，婆婆家回復平靜，大件小件的玩具都搬走了，騰出一大片空間來。

「什麼時候可以來跟乖孫玩啊？」一大早手機傳來了婆婆的簡訊。「哈哈，我就知道即使是雜物多到透不過氣，你還是會想念和我們一起住的時間吧？」原來，孫兒的魔力，就是連婆婆最在意的擠迫與凌亂，也會為他默默忍受呢！

愛媽媽的
十個小動作

1. 打：多打幾個電話回家，問候她。

2. 按：替她按摩一下疲憊的肩膀。

3. 攬：見到她面有難色，走過去，攬攬她。

4. 吹：帶她到郊外吹吹風，接觸大自然。

5. 煮：煮一頓飯給她吃（別等母親節才做）。

6. 握：握着她手拖着她過馬路，像小時候她牽着你一樣。

7. 聽：坐在客廳的沙發，聽聽她細說前塵。

8. 吻：親親她的臉，她想的只是不敢說出口。

9. 寫：問候的短訊，她永不嫌多，也不覺煩。

10. 禱：每天為她跟天父爸爸禱告，像她過去為你一樣。

到婆婆家的驚喜 羅乃萱

這天，我因為疫情留在家中工作。我如常的在早上探過乖孫，到超市買些餸菜，便回家安頓工作。

怎料，到了近黃昏時分，家中的門鈴響起，柴犬 Nikita 在汪汪大叫。我心想：「誰會在這個時候來找我們？是網上購物送貨？還是……」

門一打開，原來乖孫駕到。我跟公公趕忙地把客廳的塑膠地板用消毒紙巾擦乾淨，把會讓他跌倒的雜物搬進房間：以極速的姿態將客廳變成一個「幼兒友善安全」的環境。

「來，來，讓婆婆抱抱！」我把乖孫一攬入懷。我發覺自己的嘴在笑，心也很驚喜。是的，是一份久違的驚喜，有點像昔日年輕的戀愛歲月，收到愛人禮物那種驚喜。

「你知道嗎？他一直不肯走到別的方向，就是要走到你家！」女兒在旁解釋。原來，不是他父母帶他來給

我們驚喜，而是他，我的可愛乖孫説要來探公公婆婆的。

Wow，簡直是 double surprise ！雙重驚喜！

「他這樣想我們啊！我們在早上不是見過面嗎？」我這樣説，只是想打聽多一點，到底乖孫為何要來？

「他就是想見你們啊！」

Bingo，中晒！我就是想聽這一句。難怪身邊的朋友對我説，當了婆婆，感覺跟當媽媽很不一樣！是超開心的，對啊！我發覺近日的自己，就像變回小孩，看到乖孫笑，我也跟着笑；他愛玩什麼，我也跟着玩（哪管是多無聊的玩意，都變得有趣）。

這讓我憶起昔日女兒愛到公公婆婆家的歲月。她也是愛纏着公公婆婆，要他們兩老跟她玩過不停。公公婆婆也常説：「你的女兒好可愛啊！」

現在，輪到我跟女兒女婿説：「你們的兒子，我的乖孫，真可愛，也真抵錫！」

到婆婆家的路 何凝

孩子學會走路後，我都會盡量帶他出去走走，想讓他用小腳丫探索這世界，因此，傍晚帶他到樓下停車場走走已變成習慣。一開始他還是跌跌撞撞，我就扶着他，一步一步慢慢走。到他走穩了，我便放手讓他帶頭走。

有一天，他指着大門，説：「巴巴，巴巴。」就衝過去。我跑在後面，問他：「要開門嗎？」「阿巴！」好，我就開門帶他到外面走。門一開，我就聽到他那興奮的笑聲，然後他很有目標的往前走。我本以為他想走到附近常去的公園，沒想到經過外公外婆家，他看了看門口，就一定要走進去。也許我們之前有幾個月曾暫住他們家，他便認得路了。他向看更揮揮手，像是説：「幫我開門，我要進去！」

到了外公外婆的家門，按門鈴，聽到婆婆走來開門，驚喜的問：「你們怎麼會來？不是去公園嗎？」「本來是的，可是孩子經過你們家就不肯走，我就跟他來找你們了。」「他自己走過來的？」對啊，他不單會

221

走，還認得路了！沒想到，才一歲的小人兒，已經認得回家的路。

我回家做了一些 research，原來，嬰兒早在幾個月大就慢慢開始觀察身邊的環境，如有孩子在家裏會哭個不停，但抱到樓下就不哭，是因他能分出這兩個地方。若家長常帶孩子出門，他一歲就會認得附近的環境，也能認路。

離開婆婆家時，我跟孩子説：「我們回家吧！」他笑着回答：「阿巴！」然後用小手抓住我的食指，這讓我想起沒多久之前，他還是一個手抱的嬰兒，感覺時光飛逝。看着孩子已認得路，懂得回應我的話，我終於明白為什麼爸媽常説：「你要多花時間陪他，因為孩子一眨眼就長大了。」

《我去看看，好嗎？》

作者：羅乃萱　　　　　出版社：愉快學習出版
繪者：梁翠霞　　　　　　　　有限公司

推介　幼兒的好奇心很強，正是帶他探索外面世界的最好時機，讓他去見見聞聞摸摸他從沒遇見的一花一草一物，很有趣呢！

P牌婆婆 vs 新手媽媽

作者	羅乃萱　何凝
責任編輯	周詩韵　熙儞
協力	戴曉程
美術設計	簡雋盈
出版	明窗出版社
發行	明報出版社有限公司
	香港柴灣嘉業街 18 號
	明報工業中心 A 座 15 樓
電話	2595 3215
傳真	2898 2646
網址	http://books.mingpao.com/
電子郵箱	mpp@mingpao.com
版次	二〇二〇年七月初版
ISBN	978-988-8526-99-4
承印	美雅印刷製本有限公司